日本猫名医全面解析从叫声、相处到身体秘密的

134篇猫咪真心话

超萌图解猫咪行为百科

[日]山本宗伸·著

连雪雅·译

电子工业出版社·

Publishing House of Electronics Industry

北京·BEIJING

前 言

喵友们，大家好！

各位会翻阅这本书，

应该是在生活中碰到了问题，

或是对于"猫"这种生物

有所疑问，对吧？

问主人也得不到答案，

关于猫的事，还是问猫最清楚了。

所以请尽管发问，我会好好回答。

从正确的猫语用法，

到邀玩的方法、

本能行为中隐藏的秘密，

以及有趣又实用的杂学等，

对于各种大大小小的疑问，

我都会——仔细解说。

对了，阅读本书时请偷偷看，

别被主人发现！

希望各位都能度过一个

充实愉快的"猫生"！

猫博士
山本宗伸

猫博士，请教教我！

在某一户人家的客厅里。

喵喵

舔舔舔

……

猫爷

爷爷——爷爷——

爷爷——猫爷陪我一起玩嘛！

猫弟

嗯，这个肉和这个肉，哪一个比较好吃啊？

好无聊哦……

大家好！哈啰！

舔舔

舔舔

猫姐

猫哥

猫吉

猫弟·♂

出生 3 个月的小猫，天真无邪，不谙"猫事"。

猫爷·♂

15 岁高龄的长寿猫，总是一派淡定从容的样子。

猫吉·♂
4岁，满脑子无时无刻
不想着吃。

猫博士·♂
熟知猫咪大小事的
学者。

猫姐·♀
2岁，精明能干，偶尔态度强硬。

猫哥·♂
4岁，看似我行我素，其实很体贴。

浪浪・♂

6岁，不拘小节、随心所欲的流浪猫。

CONTENTS

9

11

本书的使用方法

方便阅读的一问一答方式，
由猫博士为喵友们解答疑问。

猫的疑问

从个性到习性等，逐一列举日常生活中的大小疑问。

#（标注）

关键词的标注，请参见 P188 及之后的索引。

猫博士的回答

针对喵友们的疑问，进行详细的解答。（喵友是指可爱的小猫咪哦。）

猫奴小叮咛

喵友们可以省略这个部分。（猫奴们请偷偷看就好！）

更加详尽的说明！

专栏

深入探讨和该疑问有关的内容。

总复习随堂考还有

猫学测验

前篇是 1 ~ 3 章的测验，后篇是 4 ~ 6 章的测验，请以满分为目标好好加油！

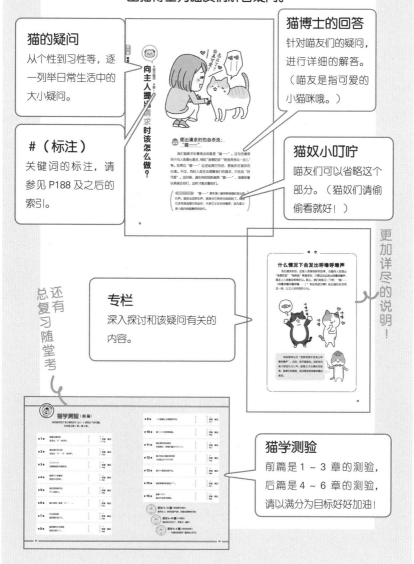

第1章

喵言喵语

为了更准确地传达我们的感受，
请好好学习正确的「喵语」用法。

喵

向主人提出请求时该怎么做？

#喵言喵语 #喵——

怎么了？
你真可爱！
喵喵——

提出请求时的必杀技："喵——"

　　我们猫族平时最常说的就是"喵——"。这句话通常用于向人类提出请求，例如"我要吃饭""陪我再多玩一会儿"等。如果边"喵——"边竖起尾巴的话，更能抓住猫奴的心哦。不过，有时人类无法理解我们的请求，只会说"好可爱"。这时候，请在你的饲料碗旁"喵——"，或是咬着玩具接近他们，这样才能点醒他们。

> 猫奴小叮咛　　"喵——"原本是小猫呼唤母猫时发出的叫声。猫发出这种叫声，就表示它把你当成妈妈了。假如它还有竖起尾巴的动作，代表它正在向你撒娇，因为那正是小猫向母猫撒娇的动作。

16

"喵——"的用法

"喵——"是非常好用的一句话。小猫们,请先学会如何巧妙使用"喵——"。站在你的碗前"喵——",主人就会知道你要吃饭;站在门前"喵——",就是"帮我开门";站在水龙头前"喵——",就是"我要喝水"。不过,太常"喵——"可不行。

如果经常"喵——",主人会搞不懂你到底想要什么,请在必要时刻才"喵——"。

我胖归胖,也算是型男吧?所以每次叫都能讨到点心。可是,不知道从何时开始,主人不再给我点心了……没关系,我自有办法。我使出"必杀技",用甜甜的声音"喵——"。主人一听立刻融化,夸我是"小可爱",我也顺利讨到点心啰!即使是相同的叫声,改变抑扬顿挫或声音的高低也会有很棒的效果。我想说,点心真的好好吃!

发现猎物时，发出不同的声音

#喵言喵语 #呿 #嘎嘎

呿

"呿"代表 狩猎时的兴奋心情

看到小虫子等猎物，或是和主人玩得正开心，准备冲向玩具时，就会发出"呿"（qū）的声音。这是不经意发出的声音，其实并不是叫声，而是从鼻子喷出的鼻息。我们猫族在极度兴奋的情况下，就会忍不住发出这样的声音。这也是"好，我要来抓猎物啰！"的情绪表现。

> 猫奴小叮咛 相中猎物时，猫还会发出"嘎嘎"的叫声，那代表比"呿"更兴奋的状态。总算找到寻找已久的猎物或玩具时，猫主子因为满心欢喜，不禁脱口而出的"嘎嘎"，也相当于"耶！找到了！"的意思。

我很生气！

#喵言喵语 #嘶——

干吗!?

嘶——

怒瞪对方，发出"嘶——"的声音

我们猫族有着强烈的地盘意识。一旦有外来者入侵自己的地盘，我们肯定会发火。这时候，绝对要铆起来发出"嘶——"的声音，赶走对方，让对方知道"不准过来这儿"，吓唬对方，使其不敢继续接近。露出尖牙、竖起全身的毛，这样效果更好哦！

顺带一提，这个举动就连刚出生的小猫不必练习也做得到。这是猫的本能，必要时请试一试。

> **猫奴小叮咛** 假如听到猫发出"嘶——"的声音，千万别出手制止。因为猫正处于亢奋的状态，即使是最爱的主人，有时也会挨猫拳。这时候就别管它，反正过一会儿就没事了。

如何吓退其他猫？

#喵言喵语　#喵──哦　#呜──

呜──

用"喵──哦"或"呜──"耍狠，展现超强气势

假如发出"嘶──"的声音，对方仍不退让，那就更狠一点，从喉咙深处发出怒吼，以气势压制对方，宣告"我真的火大了！你再不闪，我就要发动攻击啰"。我们猫族其实不爱打架，毕竟打架没好处。通过叫板了解彼此的实力，要是发现赢不了对方就快速撤退。如果遇到比自己强的猫，还是走为上策。

> **猫奴小叮咛** 猫会打架是因为彼此势均力敌，光靠叫板无法一分高下。既然发出"喵──哦"或"呜──"的叫声都不管用，那就以猫拳拼个输赢！此时猫奴若擅自介入，小心会受伤哦！

好猫不二斗！

在猫界,打架是逼不得已的手段,在此说明一下架该怎么打。先做好功课,以免受不必要的伤。快打起来的时候,如果觉得"我赢不了这家伙",请蹲下,尽量放低姿态。这么一来,对方(只要不是难缠的家伙)就不会再进行攻击了。而且,往后也不要再找对方打架。察觉气氛不妙时,撤就对了。好猫不二斗,这是我们猫界的规矩。

娇生惯养的家猫想必不知道,我们流浪猫虽然有地盘意识,却没有明确的界线。因为地狭猫多啊,所以,我得和其他猫共享部分地盘。在共享的地盘偶遇时,基本上都会装作没看见彼此。如果硬要为此打架,只是白费体力而已。

觉得**害怕**时该怎么做？

#喵言喵语 #用力大叫

抱歉

啊！

用力大叫

在打架过程中，被拉扯或撕咬，感到害怕或痛苦时我们会发出尖叫声。被人类踩到尾巴时也会这么叫。用力大叫，让对方知道"好痛！快住手！走开！"小猫们请牢牢记住这件事。兄弟姐妹打闹玩耍时，要是对方这么叫，表示我们咬得太用力了，已经超出玩耍的限度，请控制咬的力道。

> **猫奴小叮咛** 猫交配时，母猫有时也会用力大叫。那是因为公猫的生殖器有倒刺，抽出生殖器时，母猫会觉得痛。若遇到这种情况，请好好安抚母猫。

唔喵

唔喵

吃饭时忍不住发出声音

喵言喵语
唔喵唔喵

 **不禁脱口而出的
"好好吃"**

　　各位喵友，你们的主人都给你们准备美味的饭饭吗？吃到喜欢的食物，肚子饿时大口扒饭，吃着吃着不禁发出"唔喵唔喵"声。尤其是小猫，特别容易发出这种声音。我们小时候喝奶也是如此，"喝得好饱哦""真好喝"，用"唔喵唔喵"向妈妈传达这样的心情。也许是儿时的习惯使然，即使已经长大了，还是会忍不住发出这种声音。

　　猫奴小叮咛　有些猫吃饭时会发出威吓的声音，这是野猫或群居猫常有的现象。"这是我的食物！"像这样边吃边宣示主权，让其他猫不敢靠近。

23

心情好的时候，发出呼噜呼噜声

\# 喵言喵语　\# 呼噜呼噜

呼噜呼噜

呼噜呼噜声
是内心满足的象征

　　记得小时候，我们会边喝奶边发出呼噜呼噜声，告诉妈妈"我很健康哦""我喝得很饱哦"。各位应该都不记得了吧。妈妈听到呼噜呼噜声就知道"这孩子长得很好"。也就是说，呼噜呼噜声是让对方知道你很满足的暗号。我们虽然已经长大仍改不掉这个儿时的习惯，在觉得满足或心情好的时候，总会忍不住发出呼噜呼噜声。

> 猫奴小叮咛　各位猫奴，你们知道呼噜呼噜是从哪儿发出的声音吗？其实，呼噜呼噜并非叫声，而是空气通过喉咙时振动的声音。所以，你家的喵主子才能边吃东西边发出呼噜呼噜声，这下懂了吧！

什么情况下会发出呼噜呼噜声

各位喵友听好，这是人类做的研究结果，当猫向人类提出"我要吃饭""陪陪我"等请求时，只要边叫边发出呼噜呼噜声，基本上人类都会乖乖听从。那么，我们来练习一下吧！"喵——（呼噜呼噜呼噜呼噜……）"有没有成功啊？各位请好好活用这一招，让主人对你言听计从。

有些猫奴以为"我家的猫不会发出呼噜呼噜声"。其实，每只猫都会。没听到可能只是因为太小声。趁喵主子心情好的时候，摸摸它的喉咙，你会感受到呼噜呼噜的振动。

静不下来……

#喵言喵语　#呼噜呼噜

呼噜
呼噜

呼噜
呼噜

状况不佳时，
试着发出呼噜呼噜声

前文提到呼噜呼噜声是"表达满足的暗号"。不过，它也有神奇的效果。例如，讨厌剪爪子却要被剪的时候、不想去医院却不得不去的时候，感到不安的时候，请试着发出呼噜呼噜声。这么一来，心情就会变得稳定。

从野生时代就一直独来独往的猫族，早已练就出不靠外力，自己控制情绪的本事，很厉害吧。

（猫奴小叮咛）猫满足时会发出呼噜呼噜声，身体不舒服时也会发出这种声音。人类总以为"呼噜呼噜＝满足"，请修正这个错误的观念。明明是身体不舒服却被当成"很满足"，这样会惹毛喵主子哦。

想说我爱你

#喵言喵语 #四目相交后闭上眼

怎么啦？

眯眼……

眼神交会后，缓缓地闭上眼睛

　　想要传达满满的爱意，光靠叫几声是不够的。请深情望着对方，然后缓缓地闭上双眼。如果对方也闭上眼，那就表示你们心意相通。

　　猫界有个潜规则，只能和关系亲密的对象四目相交。假如和不熟的家伙对上眼，等于是存心找碴。到时说不定还得打架决胜负，简直是自找麻烦。

> 猫奴小叮咛　想知道喵主子爱不爱你，请留意这个重点。当喵主子看着你的时候，仔细观察它的瞳孔。如果它对你充满爱慕之意，瞳孔会稍微忽大忽小地变化哦。

27

猫也会说……人话?!

#喵言喵语 #人话?

喵喵?

唉,你刚刚说饭饭吗!?

技巧高超的仿声高手

　　猫不会说人话。人类怎么会以为"猫在说话"呢?那只是碰巧罢了。人类把我们的食物称作"饭饭"。我们恰巧发出类似"饭饭"的叫声后,主人就端出食物,所以我们就记住了这个模式,肚子饿就发出"饭饭"的叫声……结果,主人满心欢喜地以为"我家的猫会说话"!人类真的很单纯。反正对我们也没什么损失,就让他们继续误会下去好了。

 猫奴小叮咛　和人类一起生活后,猫开始用叫声和人类沟通,这是因为叫声比较容易传达要求。不过,即使听起来像人话,也未必表示喵主子是了解意思才发出叫声的。

可能会边睡边说话

#喵言喵语　#梦话

ＺＺＺ...

喵……

喵……

浅眠（快速眼动睡眠）的时候会说梦话

　　不少喵友都爱睡午觉。有这么一种说法，日语的猫（neko）的语源是"寝子（neko）"，由此可知猫是很会睡的动物。但它熟睡的时间其实很短，以一天睡十四小时的猫为例，当中的十二小时都是"快速眼动睡眠"，也就是处于浅眠状态。请就近观察正在睡觉的猫。即使在睡，眼皮仍不时跳动，这正是快速眼动睡眠的特征。边睡边"唔喵"或发出呻吟声都是浅眠时才有的情况。

> 猫奴小叮咛　猫和人一样会做梦。有时是梦到一大碗饭饭，发出惊叹声，有时是梦到在草原上追逐猎物，做了这样让猫兴奋的梦，它们就会忍不住说梦话了（好糗）。

我想交女朋友

#喵言喵语 #呐—噢

听到母猫"呐——噢"叫，就是搭讪的好时机！

我们猫族一年有数次的发情期。发情期就是恋爱的季节。如果有心仪的对象，不妨趁着发情期向对方表白心意吧。听到母猫大叫"呐——噢"的时候，就是最佳的搭讪时机。模仿对方的叫声，也大叫"呐——噢"来响应，然后步步接近。

因为性激素的影响，在发情期我们的声音会变粗，过了发情期，声音就会恢复，所以不必担心。

> 猫奴小叮咛 猫分辨得出公猫和母猫的叫声，所以能立刻察觉异性的示爱。这是人类办不到的绝技。被叫声吸引的公猫如果聚在一起，随时都会开打！这点和人类倒是很像吧？

唉哟喂，累死我了

#喵言喵语 #叹气

呼

"呼——"地叹口气，放松一下

　　各位喵友，你们知道吗？人类叹气是从嘴里吐气的。他们在烦恼或心情沮丧时就会叹气，这和我们猫族截然不同。

　　猫叹气是从鼻子里喷气的，也不会为了烦恼而叹气。猫通常是在压力解除的状态下叹气，比如见到陌生的事物或主人做出冒失的举动之后。

（猫奴小叮咛）要是喵主子对你叹气，那么请好好反省你做了什么。喵主子叹气是觉得获得解脱——这就表示你先前在不知不觉中带给它压力哦！

烦死了，快住手！

#喵言喵语　#默默起身离开

觉得不愉快，马上离开现场

比起我们猫族，人类实在是很迟钝的生物。即使我们已经叫着"快住手！"完全在状况外的主人还是不少！既然听不懂喵话，只好用行动传达。①快速摇尾巴；② 耳朵压平——这都是表现不爽的代表性动作。如果都做到这个程度了还看不懂，那也没办法，只能暗自怨叹自己有个粗神经的主人，然后快步离开现场。

> **猫奴小叮咛** 喵主子被抚摸而呼噜叫，以为它应该很高兴，没想到下一秒却被咬！——有过这种经验的人请记住，这种现象叫作"爱抚诱发性攻击行为"（俗称：摸过头的反击），也就是说你抚摸的方式太烦人或是太糟糕啰！

表达"不悦"的方式

前文已提及过，在此更进一步详细说明。被主人抚摸时，如果觉得"不开心""很烦"，或是希望他"别摸了"，请用以下的方式表达你的心情。

1

快速摇尾巴

据说狗摇尾巴是表示开心的意思。但猫摇尾巴是焦躁的暗号，就像人抖脚那样。

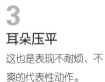

2

不让下巴贴近主人的手

如果被摸得很舒服，猫下巴会主动靠在主人的手上；但如果希望主人快住手，请抬起你的下巴。

3

耳朵压平

这也是表现不耐烦、不爽的代表性动作。

#喵言喵语 #喵

基本的打招呼方式

喵

语气轻快地"喵"一声

　　遇到熟识的喵友，轻快地"喵"一声打个招呼。以前的猫会磨鼻子、闻彼此的气味（请参阅 P82）来问候对方。而长久在野外生活的猫，如果用叫声打招呼，可能是和对方不熟。和人类一起生活后，发现人类用叫声打招呼，这么做比较方便省事。久而久之，住在一起的喵友也用叫声来打招呼。

　　猫奴小叮咛　有些猫很聪明，会回话。"……对吧？""喵""然后啊……对吧？""喵"，大概是像这样……其实，喵主子根本听不懂猫奴在说什么。它们只是觉得语尾听起来顺耳，所以随意地发出叫声，结果被误会是在回话。

喵

嗯，嗯，你在做什么？

#喵言喵语　#喵——

总之，叫叫看就对了

人类有时会一个人叽里呱啦说个没完。以为在和我们说话，没想到是在电话聊天。敢把喵主子晾在一旁，对着电话聊得很起劲，真是太失礼了。遇到这种情况，请在主人身边不停地"喵——喵——喵——"，强调你的存在。"嗯嗯嗯，不准忽视我！"教训猫奴是我们猫族的特权！

（猫奴小叮咛）喵主子有事没事就会叫一下。比如猫奴们在吵架时，一旁的它们会突然大叫（类似打喷嚏）。听到不同以往的音色或音量，出于不安或警戒心，它们的叫声忍不住脱口而出。

#喵言喵语 #不叫

我就是不叫，这样很奇怪吗？

喵 喵

……

不叫
也是你的个性

在小猫时期用叫声沟通是常有的事，小猫通过叫声向母猫提出"我饿了""快过来"等请求。所以，长大后常叫的猫算是相当孩子气的。

另一方面，很少叫的猫表示它精神上独立自主。不叫并不是奇怪的事，那也是一种个性，对自己要有自信！

> **猫奴小叮咛** 喵主子很少叫是品种或个性所致，不必担心。就算不叫，它还是能准确传达意思。猫会通过表情或肢体语言、举动表现心情，请别错过它发出的信息。

很少叫的品种

　　常常叫或很少叫，与个性有很大的关系。不过，猫的品种也有影响哦！接下来介绍几位很少叫的喵友。

波斯猫

这个品种多半个性沉稳，
叫声轻柔低调。

俄罗斯蓝猫

拥有"无声猫"的称号。
叫声原本就小，长大后
更是很少叫。

喜马拉雅猫

属波斯猫系的这个品种，通
常个性稳重，叫声内敛。

异国短毛猫

俗称短毛波斯猫，个性也
和波斯猫一样沉稳，叫声
轻柔。

　　顺便介绍一下常常叫、叫声大的喵友。
身形纤细的暹罗猫，经常发出高亢的叫声，
听起来很有气质；孟加拉猫会发出高低不同
的叫声，健谈的它们常和人类对话（我认识
的孟加拉猫是这么说的）。

#喵言喵语 #超声波

叫了却没反应

也许正在用人类听不到的 高音发出叫声

　　有时对人类叫，他们却没听到，喵友们遇到过这样的情况吗？不过，他们不是"故意不理睬"，毕竟我们猫族如此可爱，有谁抗拒得了！他们只是听不到。

　　猫会用人类听不到的高音，也就是"超声波"发出叫声。通常是在呼唤妈妈的时候才会这样叫。也就是说，用超声波叫是因为把对方当成妈妈了。难得我们想撒娇却没被注意到，人类真是迟钝。

> **猫奴小叮咛**　小猫遇到危险时会用超声波呼唤母猫。你见过喵主子"张着嘴却没声音"的情况吗？那表示它把你当成妈妈了，还不快上前伺候。

我想出去抓猎物！

#喵言喵语　#喀喀喀喀喀　#mya mya mya mya mya

喀喀喀喀喀……

"喀喀喀喀喀"是本能觉醒的表现

望着窗外，发现小鸟或虫子时，忍不住发出"喀喀喀喀喀"或"mya mya mya mya mya"的叫声。这样的叫声出自"那儿有猎物飞来飞去，我想抓却抓不到"的纠结心情。因为是不断移动下巴发出的声音，听起来会有点奇怪。此外，看着抓不到的猎物时，有些猫还会想象自己咬着猎物，所以边叫边咬牙切齿。

> 猫奴小叮咛　喵主子内心的纠结，不只是因为抓不到窗外的猎物。比如想玩玩具，玩具却被主人收起来的时候，喵主子也会发出这样的叫声。如果听到"喀喀喀喀喀"，请陪它一起玩玩具。

好好吃！

主人就把我
臭骂一顿……

我只是抓抓沙发，
磨磨指甲而已。

哼

超不爽的，
我要大吃发泄！！！

可恶！

猛吞 狂吃

好好吃……
太好吃了！！

嚼嚼 唔喵 嚼嚼 唔喵

咦？
现在
是什么情况？

你真可爱♥

暗号

……好无聊哦。

这种时候就去
找主人……

啦啦 啦啦

陪人家玩。

喵——

人类真的都
很单纯。

♥♪

第2章

猫式沟通——猫与人

家猫必看！让主人对你百依百顺的方法。

喂，我已经把肚子露出来了！

#猫与人　#露出肚子

猫奴们，还不快陪主子玩

主人不理我们的时候，在他们面前大翻身，露出你的肚子。这时有个重点，稍微摆动前脚，做出"过来过来"的动作。当主人靠过来摸你时，顺便撒撒娇。其实我们小时候找其他喵友玩，也做过这样的举动，试着回想当时的感觉。不过，如果家中有其他喵友，倒不如找喵友玩。主人玩来玩去都是那几招，实在很无聊对吧？

（猫奴小叮咛）如果家中不止一只猫，只要其中一只做了这个动作，它们就会开始打闹玩耍。身为猫奴，为了让喵主子尽情活动身体、喵心大悦，请好好研究该和它们玩什么。

别乱讲，我才没有高兴呢

#猫与人 #抖尾巴

抖动尾巴
代表找到好东西！

　　各位喵友，找到好东西的时候，你们会抖尾巴吗？那时候想必也会竖起耳朵，双眼直盯着有兴趣的东西或猎物吧。"找到啰！！"抑制不住内心的欢喜和兴奋，尾巴情不自禁地抖起来。人类也是如此，感动时会全身发抖。此外，当猫冲到猎物前时也会因为紧张而抖尾巴，这是一种"自嗨"的表现。我们猫族的尾巴是直接表露情感的敏感部位哦。

> 猫奴小叮咛　有时叫喵主子的名字，它们也会抖尾巴。那时的喵主子进入了父母猫模式（请参阅 P49）。它们把你当成讨玩的小猫，为了安抚你，于是抖抖尾巴表示"好好好"。

#猫与人　#母鸡蹲

这儿很安全……

萌萌的"母鸡蹲"

迷倒猫奴的"母鸡蹲"就是把前脚压在身体下的姿势。因为脚被压住，所以比较不方便移动身体。我们猫族的警戒心很强，很少会做这种无法立刻起身的姿势。如果是待在安全的室内等能够放心的场所，那倒可以试一试。猫奴看到"母鸡蹲"会很感动，甚至拍起照片来，稍微忍一下，让他们拍个够，说不定会得到奖赏哦！

猫奴小叮咛　虽然这个姿势不好移动身体，但因为头的位置较高，喵主子依然容易察觉周围的状况，所以它们看似放松但仍处于警戒状态，这时猫奴们请勿轻举妄动。拍照时请悄悄拍，不要惊动喵主子。

吓到尾巴变大!!

#猫与人 #尾巴膨胀

吓到

尾巴变大，
胆子变小……

我们猫族遇到来路不明的东西时，因为惊慌恐惧，全身的毛会倒竖。尤其是尾巴，甚至会膨胀成平时的好几倍大。这是紧张导致肌肉不自觉收缩的反应，就好比人类的"起鸡皮疙瘩"。此外，吓阻对方"不准过来"的时候，尾巴也会膨胀变大。通常是在非常害怕的情况下，我们为了不让对方察觉自己的恐惧，会通过身体变大来进行掩饰。

> **猫奴小叮咛** 看到新玩具或陌生人时，喵主子会让尾巴变大，做出威吓的姿势。因为它们心里正害怕，请别勉强它们接受。一旦知道自己很安全，如果有兴趣，它们会主动靠近。记住，猫讨厌被强迫。

烦死了……

\# 猫与人　\# 拍打尾巴

用力拍打尾巴，左右摇晃！

快速摇尾巴就表示：我现在觉得很烦！有些喵友还会气到用尾巴拍打地板。我们猫族常会以摇尾表现愤怒，狗反而是心情好的时候摇尾巴，和我们完全相反。

有些猫奴以为猫和狗一样，看到我们摇尾巴就说："你很开心啊？"然后死缠着不放。对付这样搞不清状况的猫奴，最好的方法就是别理他。

> **猫奴小叮咛**　喵主子会随着心情改变尾巴摇摆的幅度、速度或方式。例如，当它缓缓地左右摆动尾巴时，可能是眼前出现了猎物或有兴趣的对象，它正在思考要不要采取行动。

好可怕！怎么办!!

#猫与人 #藏尾巴

夹紧尾巴，把它藏在后腿之间

"夹着尾巴逃跑"这句话来源于动物感到恐惧时蜷缩身体、卷起尾巴的习性。各位喵友遇到斗不过的对手时，夹紧尾巴装乖才是聪明之举。缩小身体示弱，等于向对方投降。这么一来，对方就不会发动攻击。面对赢不了的对手，不要硬碰硬，还是乖乖认输吧。

> 猫奴小叮咛 当喵主子把尾巴夹紧，藏在后腿之间时，可能是它对某个事物感到害怕。特别是小猫，一点小事就会把它吓得打哆嗦。这时候，请稍微观察情况，想想看它是在害怕什么。

心情不好，耳朵也跟着下垂

＃猫与人　＃耳朵方向

随着心情改变耳朵的方向

　　各位喵友或许没有察觉，我们猫族会随着心情改变耳朵的方向。当看到有兴趣的东西时我们会竖起耳朵，平常耳朵是稍微朝外的状态。另外，生气或警戒心强、心情差的时候，通常耳朵会朝向两侧或转向后方，或是压平。遇到不熟的喵友时，如果对方的耳朵压平，很有可能是感到害怕，对你充满戒心。此时还是识相点，趁早离开。

> 猫奴小叮咛　当喵主子的耳朵朝向两侧时，很有可能是想发动攻击。确认一下它的瞳孔，如果放得很大，可就大事不妙了！奉劝各位猫奴，这时候尽量闪远一点比较好。

4种心情模式

　　喵主子的心情大致分为 4 种模式。因为它们翻脸像翻书，很多猫奴都觉得"明明都是猫，怎么差这么多？！"不过，这正是喵主子的真性情啊！

父母猫模式

把主人当成小猫，送上充满爱的礼（猎）物。

小猫模式

把主人当成母猫，撒娇或提出请求。

家猫模式

翻身露出肚子，摆出毫无防备的姿势。

野猫模式

恢复猫的本能，追逐玩具，在家里四处狂奔。

啊！吓我一跳！

#猫与人　#瞳孔放大

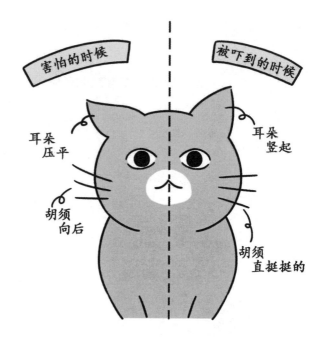

害怕的时候

被吓到的时候

耳朵压平

胡须向后

耳朵竖起

胡须直挺挺的

 ## 被吓到的时候，瞳孔变得圆溜溜

我们猫族受到惊吓或对某个事物产生兴趣时，瞳孔就会变圆。而且，耳朵会竖起来，胡须直挺挺的，充分活用五感。我们害怕的时候，瞳孔也会变圆。没错！这时候是耳朵压平、胡须向后的状态。这么一来，对方就会了解你的心情。其实人类也是如此，被吓到或看到有兴趣的东西时，他们也会睁大双眼。

> **猫奴小叮咛**　耳朵方向、瞳孔大小和胡须的状态都是解读喵主子心情的重点。瞳孔变圆、耳朵压平、胡须向后表示很害怕，这时候千万别去逗弄它们、找它们玩。想了解喵主子的心情，观察眼睛、耳朵和胡须很重要。

抱歉，我的眼神很凶，吓到你了

#猫与人　#瞳孔放大

进入攻击状态

喵友们，发现讨厌的东西时，请瞪大双眼、放大瞳孔，保持警戒状态！先仔细观察对方，确认有无危险性，这点很重要。如果你犹豫不决，可能会错失逃跑或攻击的好时机。对方也许会先发动攻击，为了避免耳朵受伤，让耳朵朝向两侧并压平。如果要逃，露出牙齿吓吓对方，并赶紧逃离现场。

> **猫奴小叮咛** 除了光线的明暗，猫的瞳孔大小也会随着心情改变。进入备战状态时，瞳孔会变大，以便仔细观察对方的动向。发动攻击的瞬间，肾上腺素激升！猫的表情会变得更吓人哦。

我想和你玩！

\#猫与人　\#想一起玩

呼噜呼噜

喵——

深情凝视，柔情呼唤

　　喵友们有时好想玩耍，偏偏主人都不理我们。这时候，请用最可爱的表情望着主人，然后发出呼噜呼噜声，让他知道你在撒娇。如果主人还是没反应，那就"喵——"地叫几声，吸引他的注意。假如已经选好想玩的玩具，直接把它带到主人面前也是不错的方法。

> (猫奴小叮咛) 猫奴有时候明知道喵主子处于想撒娇的小猫状态（请参阅P49），因为在忙只好假装没看到。这样的话，小心被偷袭哦！既然知道喵主子想撒娇，还是先陪它玩一会儿，反正它很快就玩腻了。

为你献上充满爱的礼（猎）物

与其送动物，不如送玩具

喵友们，各位或许有过送死掉的小虫子或老鼠给主人却被臭骂一顿的经验吧。我们基于一片好心，想教主人怎么抓或吃猎物，他们就是不领情，好像很怕那些东西。不过，有些喵友是把玩具送给主人，他们倒是会很开心。看样子，如果要送礼，玩具比猎物更讨喜。如果喵友们抓到小虫子或老鼠，还是藏起来自己独享吧。

> **猫奴小叮咛**　母猫会在小猫面前示范如何抓猎物。有时陪喵主子玩，它会把我们当成小猫，送上抓到的礼（猎）物。这时候别生气，先高兴地收下，之后再偷偷丢掉吧。

挨骂了就避开视线

#猫与人　#避开视线

表现出有在反省的样子就可以了！

　　有时挨骂了，我们会避开主人的视线。对猫族来说，避开视线相当于"投降"之意，但主人却认为那是"没在反省"的举动。喵友们快翻到第47页，好好学习投降的姿势：夹紧尾巴，把尾巴藏在后腿之间，缩起身体示弱，这么一来，再迟钝的主人也会看明白。如果我们表现出有在反省的样子，主人反而会说："对不起，刚刚那样凶你。"

> 猫奴小叮咛　猫被比自己强的对手盯着瞧时，会避开视线，让对方知道"我没打算和你争什么"。那绝对不是很贱的态度，请不要因此对它发火。

你觉得我怎么样？

＃猫与人　＃契合度

猫奴就爱这样的你

　　人类常说猫"喜怒无常"，但我们只是依当下的心情做反应。想撒娇就进入撒娇模式，心烦时就进入战斗模式，主人的心情与我们无关。可是，不少主人就爱被我们耍得团团转……人类真的蛮奇怪的。所以啊，别管别人怎么想，忠于自己的心情，做自己就对了。

> **猫奴小叮咛** 请配合喵主子的心情，扮演父母、小孩、兄弟姐妹等角色。它们会用全身表现心情，好好了解并给予适当响应。要是搞错了，小心吃到苦头。

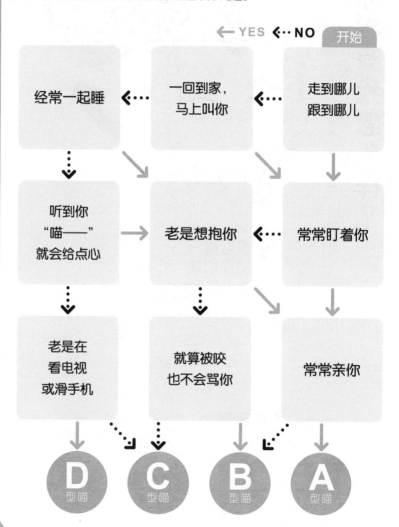

猫奴对你的 **关爱度诊断**

紧张刺激的心理诊断！
请喵友们回想平时的生活，回答以下问题。

← YES ←··· NO 　开始

| 经常一起睡 | ←··· | 一回到家，马上叫你 | ←··· | 走到哪儿跟到哪儿 |

听到你"喵——"就会给点心 → 老是想抱你 ←··· 常常盯着你

老是在看电视或滑手机　　就算被咬也不会骂你　　常常亲你

D 型喵　　C 型喵　　B 型喵　　A 型喵

诊断结果

究竟在猫奴心中，你是怎样的存在呢？请看以下的说明。

A 型喵的你是……
两情相悦的恋人

你和猫奴的感情超甜蜜。他能够接受你的一切，总是想和你在一起。千万别测试他对你的爱。即使感到不安也不必担心，你们的爱会长长久久。

B 型喵的你是……
合得来的朋友

你和猫奴是保有适度距离感的朋友。就算在一起也会各自做喜欢的事，但相处起来很融洽。你可以偶尔主动撒撒娇、找对方玩，这样能加深彼此的感情。

C 型喵的你是……
重要的家人！

对猫奴来说，你是理所当然的存在。虽然不会整天黏在一起，他还是很重视你。所以，他很快就能察觉你的些微变化。当他心情低落时，请陪在身边好好安慰他。

D 型喵的你是……
（可能是）空气般的存在

猫奴似乎不太重视你。他因为习惯了你的陪伴，忘了要珍惜你。既然他不懂得惜福，那就让他吃点苦头。试试看消失几天，这么一来他就会发现你有多重要。

好了好了，别吵了

#猫与人　#调解争执

喵——（别吵了……）っっ

介入两人之间，试着叫几声

有些喵友个性善良，看到人类吵架会觉得"一家人干吗吵架，我好难过"。要制止人类吵架很简单，走到吵架的两人之间，用悲伤的声音叫几声，他们就会以为"它在阻止我们吵架啊"。假如他们吵到撕破脸，我们可能得饿肚子，负责照顾我们的人可能会离家出走，所以我们还是得视情况帮忙调解一下。

（猫奴小叮咛）猫见到人类吵架会感到不安，于是发出叫声，就像在问："你们在做什么？"不少人误以为"它在阻止我们吵架"，因而停止争吵。有些猫知道，只要叫一叫就能让耳根子清净。

如何和人类的小宝宝相处？

#猫与人　#和小宝宝相处的方法

远远观望就好

虽然人类的小宝宝会大哭大闹，但对我们不会造成危害，所以没什么好怕的。先远远地观望，慢慢适应小宝宝的存在。主人也会尝试各种方法让我们亲近小宝宝。即使我们被隔离在别的房间，也并不是因为讨厌我们，放轻松，别想太多。不过，如果我们和小宝宝相处得好，说不定会得到奖赏哦！

> **猫奴小叮咛** 第一次让喵主子见小宝宝，请选在小宝宝睡着或是没有哭的时候。切记！别强迫喵主子接近小宝宝，耐心等待，让它们主动亲近。

猫奴为什么要让我穿衣服？

不是非穿不可，不想穿就拒绝

　　人类觉得冷的时候会穿厚衣取暖，觉得热的时候就穿薄一点。那么，我们猫族呢？我们觉得冷就去找温暖的场所，觉得热就移动到凉爽的地方。也就是说，我们不需要穿衣服。可是，有些主人会用"穿起来好可爱"等莫名其妙的理由，或是"穿了比较暖和哦"的歪理让我们穿衣服。没必要配合主人的喜好，不想穿就拒绝。

> **猫奴小叮咛**　狗穿衣服是为了御寒或避免出门在外掉毛等理由。但，猫并不需要穿衣服。而且，那么做会害它们无法理毛！穿衣服会造成压力，请别强迫它们。

剪指甲时，要压一下肉球

轻压

 ## 这是修剪猫爪的小诀窍

我们的猫爪，只要推拉上部的肌腱就会伸出来。就算我们平常磨爪子磨得很勤，但指甲长太长会钩到东西，可能发生意外或受伤，所以主人经常帮我们剪指甲。剪指甲的时候，必须压肉球让内缩的爪子露出来。如果觉得力道太大会痛，试着小声地"喵——"一下。要是太吵，说不定主人会压得更用力哦！

> **猫奴小叮咛** 喵主子的肉球比我们想象中更敏感。有时就算我们觉得没用力，它们也会觉得痛。如果对剪爪子没自信的话，还是请动物医院或宠物店代劳比较保险。

猫就是不受教？

#猫与人 #管教

🐹 听从管教是获得奖赏的好机会

　　人类常说"猫就是不受教"，那是因为猫不像群居的狗，我们都是独来独往的。就像人类不够了解我们，我们也不知道哪些事对他们来说是好事（或坏事）。

　　不过，告诉各位一个很棒的情报。只要我们做了好事或者没有做错事，人类就会给我们奖赏。如果想得到奖赏，请试着重复那样的行为。

> 猫奴小叮咛　当喵主子做出你不想看到的行为时，用水喷它，让它知道"那么做会发生讨厌的事"，这个方法颇有效。一旦有过不愉快的经验，短时间内它不会靠近那个地方。

　　编者注：喷水会让猫咪对你产生恐惧，导致关系恶化，而且易导致猫咪感冒、猫癣等，现在一般建议不要用该方法。

响片训练

　　各位知道响片训练吗？"啊，那不是狗在做的蠢事吗？"不少喵友都这么想吧。响片是一种有按钮或金属板，一按就会发出"咔嗒"声的东西。当我们做出符合主人要求的行为时，他们就会按响片，听到"咔嗒"声我们就能得到奖赏。"谁要跟狗一样做那种蠢事！"或许有些喵友会这么想。不过如果可以得到奖赏，就装作被骗，稍微配合主人一下吧。接受训练能为我们的生活带来刺激，也能加深我们和主人的感情哦。

咔嗒

　　前阵子我也陪主人做了响片训练。刚开始因为能得到奖赏，所以我就勉强配合，但5分钟已经是极限了。最后，我自己去踩响片让它发出声音，结果却没得到奖赏……这算是诈骗吗？！

何时该睡、何时该吃？

＃猫与人 ＃生活节奏

随心所欲，这才是猫

　　我们猫族的祖先靠狩猎获得食物的，如果狩猎失败就得饿肚子，所以它们不会每天在固定的时间进食。至今我们仍保有这种习性，即使主人准备好饭食，我们可能也会因为当天的心情不好而不吃。一直以来我们都是想吃才吃、想睡才睡，没必要刻意改变。不过，看在主人一片心意的份上，偶尔还是配合吃一下吧。

（猫奴小叮咛）喵主子向来都是想吃才吃，想睡才睡，即使它们偶尔没吃东西也不必太担心。可是，如果没吃东西却拉肚子，或是看起来没精神，可能表示它们身体不舒服。

一定要刷牙吗？

＃猫与人　＃刷牙

猫很少有蛀牙，但罹患牙周病的可能性很大！

　　我们猫族基本上不太会有蛀牙。不过，牙垢积得太多容易引发牙周病，所以必须让主人定期帮我们清洁牙齿。这么说不是故意吓唬各位喵友，据说3岁以上的猫，约80%都会得牙周病，由此可知猫是患牙周病的高危族群。此外，随着年龄增长，罹患牙周病的风险也会提高。为了降低风险，最好每天刷牙。其实只要习惯了，刷牙是很舒服的事哦，像我就很喜欢刷牙。

> （ **猫奴小叮咛** ）　猫的上排牙齿因为靠近唾液腺（唾液的分泌管），比下排牙齿容易积牙垢。突然把牙刷塞进喵主子嘴里，它们会被吓到，从而对刷牙心生恐惧。可以先用纱布擦拭它们的牙齿，让它们慢慢适应。

猫需要洗澡吗？

#猫与人　#洗澡

🐹 理毛 + 梳毛就够了

狗通常都要洗澡，有些品种一个月会洗两次，但我们猫族不需要。而且我们讨厌碰水，更别说是洗澡了。主人会依猫毛的状态来决定是否该让我们洗澡，所以我们自己要常常理毛，保持干净。除了自己理毛，让主人帮忙梳毛也很重要。梳毛可以促进血液循环，习惯了就会觉得很舒服。

> 　猫奴小叮咛　只要喵主子身体没弄脏，基本上不需要洗澡。不过，请定期帮喵主子梳毛。如果它在理毛时吞下太多毛，可能会得毛球症，所以要定期给它梳毛，以去除多余的毛。

人类的流感也会传染给我吗？

＃猫与人　＃流感

……

 ## 以防万一，还是暂时保持距离

　　基本上，人类的流感只会人传人，不会传染给猫。但根据某个调查，有些猫的体内有人类流感的抗体，而有抗体就表示曾经感染过。少部分喵友被主人传染流感后，会出现食欲不振或呼吸系统的症状（咳嗽或流鼻涕等）。所以当主人感冒时，我们还是跟他保持距离，以策安全。

（猫奴小叮咛）　我们身心虚弱时，难免会想向喵主子寻求安慰。不过当你感冒的时候，请和它们保持距离。虽然喵主子很爱你，但也要顾及它们的健康哦！

医院是很可怕的地方吗？

\#猫与人　\#医院

摸摸

别怕

虽然觉得讨厌，但都是为你好

许多喵友很怕去医院，看到那儿的大型机械或戴口罩的人（医生）会感到恐惧。虽然被医生摸身体或在屁屁里塞入异物（体温计）不舒服，但那都是为你好。其实只要你去过几次就会发现，医生很亲切，而且接受检查后，有些医生或主人会给我们奖赏。

大吵大闹反而会被弄得更不舒服，所以我们还是乖乖听话吧。

猫奴小叮咛　有些猫第一次去医院会因为害怕而出现恐慌症状。这时候，请冷静地摸摸它的头，让它放轻松。要是它一直闹，可以在带它去医院前，先将它装进大一点的洗衣袋，这么做它就会安静下来。

这些举动是生病的征兆?!

我们猫族从野生时代开始，为了避免被敌人攻击，就算身体不舒服也会装没事。有些我们不经意做出的举动，其实是生病的征兆。

流口水　　　　不停摇头　　　　揉眼睛

用屁屁磨地板　　不时抓身体　　虽然吃东西了却变瘦

我们猫族就算身体不舒服，也要为了"不被敌人发现"而装没事。有些讨厌去医院的喵友也会装成很健康的样子。然而，不少喵友觉得"身体好像怪怪的"，去了医院才发现自己已经生了重病了。要是你觉得不舒服，反应夸张一点也无妨，赶紧让主人知道最重要。

被强迫吃药

＃猫与人 ＃喂药

 ## 这正是"良药苦口"

　　各位喵友应该都被喂过很难吃的东西（药）吧。有些体贴的主人会把药和好吃的东西一起喂，但这样的主人并不多。药虽然很难吃，却是能够消除身体不适的好东西。想健健康康地过日子，那一点苦要忍住！要是一直不肯吃，惹毛主人的话，反而会被硬喂，所以我们还是乖乖吃下去吧。

> 猫奴小叮咛 用力抓住它的下巴强迫喂药，会让喵主子心生恐惧。如果把药和好吃的东西一起喂，有些猫会勉强吃下去。强迫喂药会让喵主子讨厌你，这点请务必留意。

我最讨厌打针了！

#猫与人 #打针

只要痛一下，效果却是长期的!!

看到针筒我们就已经很害怕了。那尖尖的针头，光看就觉得痛。不过，各位喵友请放心，猫的耐痛力比人类还强哦！接种疫苗时，只要痛一下就能预防各种疾病。

如果没打疫苗，生病接受治疗会是加倍的疼痛与恐惧。"我好害怕……"看着主人撒撒娇，他会好好安慰你。打完疫苗后，赶快向主人讨奖赏吧。

> （猫奴小叮咛） 就像有些人怕打针一样，有些猫也是如此。面对这样的喵主子，摸摸它的脸并轻声安抚，让它放松。打完针后给它些奖赏，让它对打针产生好印象。

父母心

少惹我哦

第3章

猫式沟通——猫与猫

处不来却得一起生活的同居喵友？

猫界的相处之道，其实很深奥。

新来的猫很跩！

#猫与猫　#教育新来的猫

展现前辈的威严，冷静以对

　　主人对新来的猫深深着迷。这时如果你表现出嫉妒，不但会挨主人骂，还会被新来的猫瞧不起哦！你身为前辈，当然要指导晚辈，要内心保持冷静，好好传授它这个家的家规或猫界的规矩。相处久了，你或许会对新来的猫产生好感。受到你的细心照顾，对方也会觉得你像妈妈一样亲切。

> 猫奴小叮咛　新来的猫总是比较受宠的。可是，原本的猫看到主人疼爱新来的猫，心里会很不是滋味。所以，主人还是要优先照顾原本的猫，默默观察两只猫是否能建立信赖关系。

喵友的契合度

猫之间也有所谓的契合度。虽然有些猫未必如此，但基本上可用年龄与性别进行区分。

前辈 **晚辈**

○ 小猫 小猫

只要从小在一起，不管是否同性都能相处融洽。

前辈 **晚辈**

○ 成猫 小猫

如果新来的猫是小猫，成猫不会把它当成敌人，比较容易接纳。

○ 成猫 成猫

母猫的地盘意识比公猫弱，这样的组合不太会发生争执。

△ 成猫 成猫

还算是合得来，前辈是母猫也一样。

✕ 老猫 小猫

老猫可能会觉得小猫很吵。

✕ 成猫 成猫

因为具有强烈的地盘意识，两只成猫可能会经常打架。

以上是一般的情况，供各位参考。有时两只都是母猫的成猫也会吵个不停、相处不来（我的亲身经验）。到头来还是得看猫之间的实际相处，自己试过才知道啰。

前辈总是待在高处

\# 猫与猫　\# 待在高处的前辈猫

因为"高处=好地方"

　　站在高处可环顾四周，更容易发现远方的敌人，就算敌人发动攻击也很方便逃跑，对我们猫族来说，高处是安心又安全的场所。前辈猫对家中的好地方了如指掌，如猫塔的最上层，它们总是待在很高的地方。你也想去？劝你打消这个念头。前辈猫不可能把那么舒服的地方让给你。不要没事找事做，才是和平相处的诀窍。

> 猫奴小叮咛　不喜争斗的猫会把好地方让给比自己强的对手。对它们来说高处是属于强者的，在野猫的世界里也是如此。走在墙上时，如果遇见比自己强的猫，它们会立刻跳到地面给对方让路。

我的**孩子**认得出我的**声音**吗？

#猫与猫 #小猫的听力

小猫确实能够分辨声音

小猫会通过叫声让母猫知道自己在哪里。而且，母猫和小猫会互相呼唤，所以小猫能够清楚地认出母猫的叫声。厉害的是，出生4周的小猫已经能正确分辨叫声啰！即使很多猫一起叫，它们基本上也不会认错。据说人类的小宝宝也能认出妈妈的声音。小宝宝真的很让人吃惊呢！

(猫奴小叮咛) 猫的听力远胜人类，连老鼠的脚步声或超声波等级的微弱声音都能听得到。所以，在喵主子不在的地方说它们的坏话，会被它们听得一清二楚哦！

#猫与猫 #竖起尾巴

看看我嘛！

🐱 竖起尾巴接近

　　小时候为了向妈妈撒娇，我会竖起尾巴吸引妈妈的注意。那时因为还不太会上厕所，所以妈妈会舔我们的屁屁帮助我们排泄，竖起尾巴是为了方便妈妈舔屁屁。长大后我仍保有"竖尾巴"这一习性，当我遇到想亲近的对象时，我通常会竖起尾巴接近对方。对方看了也许会想："唉哟，把我当成妈妈啦？"说不定会陪我玩呢。

> **猫奴小叮咛** 小猫在移动时竖起尾巴，是为了让母猫知道"我在这儿哦"，这是强调自己所在位置的行为。此外，它们开心的时候也会不自觉地竖起尾巴，好心情都藏不住。

那家伙居然吐舌睡，超丢脸

#猫与猫 #吐舌

因为门牙小，舌头容易外露

嗯嗯嗯，别这样说其他喵友。有时太专心地想某件事或是睡着了，难免会忘记收回舌头。况且，猫的门牙小，所以舌头很容易外露，一不小心就会出现吐舌的表情。说不定你只是没察觉，其实你可能也有过这样的糗态哦！许多喵友都比较爱面子，就算看到对方吐舌头也别多说什么，当作没看到就好。

（猫奴小叮咛）基本上，吐舌并不是什么大问题。特别是老猫或波斯猫等下巴短的品种，很容易舌头外露。不过，除了吐舌还有严重的口臭或没食欲的话，可能是有口腔方面的疾病。

#猫与猫 #打架

那家伙很有趣……可以打一架吗？

为了和谐相处，打架也是一种方法！

我们猫族就算不打架也能知道对方有多大能耐，所以不会打明知会输的架。如果是有兴趣打架的对象，彼此的实力应该旗鼓相当。

为了弄清楚到底谁比较厉害，我们有时会试着打一架。不过，明明只是为了试探实力地打个几下，有些喵友却搞到遍体鳞伤。若想守住自尊，不如忽视对方的存在。

> 猫奴小叮咛 猫真的不喜欢争斗。可是，有时为了守住自尊不得不开打。如果是打到见血的激烈程度，请介入制止。否则的话，默默在旁守护就好。

打架的姿势

虽然很不想动手，有时还是得打上一架。喵友们一起来学学打架时决定胜负关键的 4 种姿势吧！

虚张声势
为了让自己看起来很强悍，努力抬高腰部，但内心其实很害怕，所以上半身会不自觉地放低。身体的反应果然很诚实……

威风凛凛
感觉对方比自己弱时，抬高腰部，让身体变大，营造威吓感。这么一来，对方会心生恐惧而逃跑。

投降
如果对方的威吓令你感到害怕，不战而降也是一种方法。这时候，压低身体，把尾巴藏在后腿之间。这样做，对方就不会攻击你了。

拼命抵抗
超不服输的喵友会从虚张声势的姿势变成侧身，双眼泛泪地诉说："敢过来就给你好看！"但这副模样完全不可怕就是了。

一开始就投降是胆小鬼才会做的事。先摆出威风凛凛的姿势，给个下马威！对方肯定会吓到腿软。不过，若这么做也没胜算的话，就只好乖乖投降啰。

如何向喵友打招呼？

#猫与猫 #打招呼

鼻子碰鼻子，互闻口中的气味

我们猫族的嗅觉很敏锐，是人类的好几万倍，能够分辨出各种东西的气味。

喵友之间碰面的时候，会用鼻子碰鼻子互闻气味的方式打招呼。要是遇到气味相同的猫怎么办？才不会有那种事，因为猫的嘴巴周围有臭腺，每只猫都会散发不同的气味。你怕自己有口臭？那就请主人好好清洁你的嘴。

 猫奴小叮咛 猫的视力差，光看外表不太能记住其他猫的样子。不过，它们拥有相当敏锐的嗅觉，只靠气味就能分辨出其他喵友哦！

脖子上戴着怪东西，看起来好诡异！

#猫与猫 #伊丽莎白圈

🐱 那是戴着伊丽莎白圈的喵友

有时前辈猫和主人出门后，回到家脖子上会戴着奇怪的东西。我们猫族本来就看不太清楚长相，如果前辈猫身上沾到医院的味道，实在很难靠气味认出它。不过，既然是和主人一起回来的，应该是前辈猫没错。戴在它脖子上的奇怪东西叫作"伊丽莎白圈"，是防止我们乱舔伤口的护具。为了不伤前辈猫的自尊心，请不要笑它！

（猫奴小叮咛）戴着伊丽莎白圈，行动起来很不方便，虽是为了健康而不得不戴，但总觉得喵主子很不舒服、心情很差。那么，试着把深度弄浅或是减少宽度。当然，别忘了给它吃最爱的点心。

那家伙，嗯嗯完都不埋

不埋粪便
是自信的象征！

　　把粪便用猫砂埋起来是我们猫族的一种本能行为，因为不想被敌人闻到气味，从而发现自己的所在位置。反之，如果有猫不埋粪便，就表示它觉得自己很强，让粪便的气味飘散在空气中，从而向周围的猫宣示："这儿是我的地盘！"如果同居的喵友不埋粪便，可能是它认为自己比你强。这么说来，对方或许有点瞧不起你？

> **猫奴小叮咛**　原本喵主子会用猫砂埋粪便，突然之间不埋了，发生这种情形必须留意。也许是它感到不安或不满。多观察喵主子上厕所的情况，确认有无异状。不过，少部分的猫比较笨拙，想埋却埋不好。

公猫的尿好臭哦

＃猫与猫　＃公猫的尿

强者的表现，这是男性的威严

比起其他动物的尿，猫尿有着强烈的气味。这是因为生活在沙漠里的祖先为了保存水分，只会排出少量高浓度的尿。特别是公猫，尿味很重，据说是受荷尔蒙的影响。由于母猫掌握了交配对象的选择权，公猫必须努力宣示自己有多强。荷尔蒙越多，尿味越浓烈，代表狩猎能力越强，所以公猫会铆起劲来撒臭尿。

（猫奴小叮咛）应该不少人都讨厌公猫那股很浓的尿味。虽然并不值得夸耀，但公猫的尿味就连宠物用清洁剂都很难洗得掉！这就是公猫的"男人味"，和公猫一起生活只能认命接受。

你要搬家啦？你不在，我好寂寞

#猫与猫　#搬家会感到寂寞？

又见面啰～

过一段时间就会忘记，别担心

　　猫的一生，有相遇就有别离。原本朝夕相处的猫，有时也会因为主人的安排而分离。不过，猫本来就是独居动物，即使和父母或兄弟姐妹分开，没多久就会忘记了。起初它或许会感到寂寞，过一段时间，就会彻底忘记对方的气味。所以，久别重逢时，彼此会觉得很陌生，此时想必只有主人沉浸在重逢的感动之中。

> 猫奴小叮咛　人的生活也不轻松，要经历无数的相遇与别离。猫看似冷淡，其实有些猫的内心很敏感。虽然猫很快就会忘记对方的气味，但别离这种事还是能免则免。

打完架会和好吗?

　　如果两只猫原本感情好的话,那么当然会和好。尽管一开始会忽视对方的存在,只要像往常那样生活,自然会重修旧好。不过,要是经常打到流血,那可就麻烦了。建议先将双方分开,暂时别碰面,直到彼此都忘记先前的不愉快。过一段时间后,试着让双方碰面,如果还是会打架就再分开。有些主人会强迫猫和好,然而那么做会造成反效果。

　　人们常说随着年龄增长,个性会变温和。年轻时,大家自尊心强,谁也不让谁。上了年纪后,不再计较原本在意的事,也懂得体恤对方了。

虽然是公猫，我也想照顾孩子

\#猫与猫　\#奶爸

奶爸逐渐成为趋势

公的野猫交配完就拍拍屁股走人，再去找其他母猫。同样都是公猫，它们似乎很没责任感，但在猫界这是很自然的事。小猫出生时，公猫已不在了，所以由母猫独自育儿。不过，有些和人类一起生活的公猫，虽然会去找其他母猫，也会陪小猫玩、照顾小猫。最近，人类社会掀起"奶爸"风潮，猫界说不定也会跟风哦！

> **猫奴小叮咛** 虽然公猫和母猫一样有乳房，可是再怎么疼爱孩子，"奶爸"终究无法分泌母乳。
>
> 公猫的乳房没有特殊作用，男人的乳房也是如此。就算无法哺乳，请温暖守护努力照顾孩子的它们。

老是在傻笑……

\# 猫与猫　　\# 裂唇嗅反应

原来是在感受费洛蒙

　　睁大眼、嘴半开的表情并不是在笑，而是在感受费洛蒙。我们猫族闻到强烈的气味时，鼻腔内的"犁鼻器"（别名：茄考生氏器）会去感应费洛蒙。这时候，嘴半开是为了打开犁鼻器的通道。这种反应被称为"裂唇嗅反应"。通常做出这种表情时，人类会说我们在"扮鬼脸"，真是太失礼了。

> （猫奴小叮咛）猫的费洛蒙是从嘴巴周围、乳腺、肛门腺、尾巴根部、生殖器周边分泌出来的。尤其是嘴巴周围分泌的费洛蒙，被称作"猫脸部费洛蒙"（Feline Facial pheromone），据说能让猫感到安心。

睡得很熟……咦，睡姿竟然一样？

#猫与猫　#睡姿相同

感情好
才办得到的绝技！

猫的睡姿会因为气温或安全感的变化而改变。喵友之间偶尔会出现相同的睡姿，如果是亲子，可能是小猫在模仿父母的姿势，因为小猫有模仿父母的习性。人类也是如此，对于有好感的对象，会不自觉地学习对方的言行举止。或许我们猫族也是想变得和亲近的对象一样。无论理由为何，那都是信赖对方才会有的行为。

猫奴小叮咛 除了父母，小猫也会做出和兄弟姐妹或主人相同的姿势，这应该是模仿父母的习性所致。如果它模仿你的睡姿，或许是把你当作父母或兄弟姐妹了。

不要用屁股对着我！

Z Z Z Z...

......

 ## 这是信任你的证据

　　我们猫族是警戒心很强的动物。待在能够安心的环境中时，除非是面对发自内心信赖的对象，否则不可能把屁股朝向对方。假如喵友用屁股对着你睡觉，那表示它很信任你。遇到这样的喵友，就算是开玩笑，也不要从后方故意闹它或打它。如果对方开不起玩笑，可能会一辈子记仇或是再也不理你了。

> **猫奴小叮咛**　如果喵主子睡觉时用屁股对着你，可能是因为把你当成母猫或兄弟姐妹了，所以对你的存在感到安心。要是它把屁股凑到你面前，这是值得开心的事。

#猫与猫　#猫聚会

第一次参加聚会，好紧张！

态度要谦虚，坐的时候保持一定距离

晚上，野猫在公园或停车场聚会时，不会特别做什么，只是彼此保持适当的距离待在那儿。尽管大家在都市里有自己的地盘，行动范围还是会重合。因此，必须通过聚会认识附近的喵友，维持"猫小区"的安定。新来的猫要尽量低调，稍微保持距离，坐在比大家低的位置。当有前辈跟你攀谈时，记得有礼貌地打招呼。

猫奴小叮咛　猫的聚会不只是互相交换情报，在繁殖期，聚会地也是交配的场所。白天互不搭理的野猫，参加聚会时会和其他猫交换情报，随兴地进行交流。

嘶～

野猫过着怎样的生活？

#猫与猫 #野猫的生活

巡视地盘

野猫看似成天漫无目地在外头走。其实，它们是在巡视自己的地盘有没有异状。确认有无其他猫出入，在地盘内撒尿做记号，或是向母猫宣示自己的存在。万一地盘遭到破坏，它们会揪出对方，全力争夺地盘的主权。偶尔才外出的喵友，请留意不要闯进它们的地盘。

> 猫奴小叮咛　生活在室内的猫，室内就是它的地盘。或许你觉得待在室内很可怜，但对猫来说，可以生活在自己的地盘是很幸福的事。而且待在室内也不会被传染疾病或发生意外，所以尽可能别让喵主子外出！

猫学测验 | 前 篇 |

你究竟学到了多少猫知识？以〇 × 回答以下的问题。
先来复习第 1 章~第 3 章。

第 1 题 猫提出请求时
会发出"喵"的叫声。

[　　　] → 答案·解说 P16

第 2 题 猫在威吓对方时
会发出"喵——哦"的叫声。

[　　　] → 答案·解说 P20

第 3 题 耳朵的方向
会随着猫的心情改变。

[　　　] → 答案·解说 P48

第 4 题 猫用屁股朝着你
是因为讨厌你。

[　　　] → 答案·解说 P91

第 5 题 猫在受到惊吓时
瞳孔会放大。

[　　　] → 答案·解说 P50

第 6 题 猫打招呼一般是"喵——"。

[　　　] → 答案·解说 P34

第 7 题 开心的时候
猫的尾巴会膨胀。

[　　　] → 答案·解说 P45

第 8 题 猫的尾巴左右摇晃
是因为很高兴。

[　　　] → 答案·解说 P46

第 **9** 题	小猫能够认出母猫的声音。	[　　]	→ 答案·解说 P77
第 **10** 题	猫不洗澡会变得很脏。	[　　]	→ 答案·解说 P66
第 **11** 题	猫在害怕的时候会 夹紧尾巴，把尾巴藏在后腿之间。	[　　]	→ 答案·解说 P47
第 **12** 题	猫只有在心情好的时候 才会发出呼噜呼噜声。	[　　]	→ 答案·解说 P26
第 **13** 题	猫傻笑是因为很开心。	[　　]	→ 答案·解说 P89
第 **14** 题	猫觉得累的时候会叹气。	[　　]	→ 答案·解说 P31
第 **15** 题	就算不刷牙 猫也不会得牙周病。	[　　]	→ 答案·解说 P65

 答对 11~15 题（表现得非常好）
猫学达人！保持这股气势，后篇也要拿高分哦！

 答对 6~10 题（不错哟）
基础知识记住了，再复习一遍吧！

 答对 0~5 题（好好加油吧）
……你真的是猫吗？重新努力学习！

喵聚会

我才不怕你！

第**4**章
谜样行动

「为何会有这样的行动？」
答案就隐藏在猫族的本能之中。

吃饭小口吃！

#行动 #小口吃

大口狂嗑　　浅尝几口

爱吃不吃
是常有的事

我们猫族原本是靠狩猎为生的，抓不到猎物时，只好饿肚子。也就是说，我们不会每天定量进食。这样的习性仍保留至今，所以我们吃东西是看心情，有时吃很多，有时什么都不吃。少部分食欲旺盛的喵友，每天都会把饭吃光。如果不想饿肚子，请好好守住饭碗。

（猫奴小叮咛）有时喵主子吃饭吃到一半会用猫砂埋住。这是猫的野生本能所致，这样做的意思是"现在不想吃，先藏起来"，并不是它不喜欢你准备的食物。

超放松

仰躺的姿势，好放松

\#行动 \#露出肚子

家猫
觉得安心的姿势

柔软的肚子是我们猫族的弱点。虽然是无法轻易露出的部位，但只要待在让我们觉得"这儿很安全"的场所，就会放心地露出肚子好好放松。毕竟一直保持警戒也是会累的。而且，在主人面前露出肚子躺着可以说是大绝招。这种毫无防备的姿势会瞬间迷倒主人。想要主人陪或是想提出要求时，有些聪明的喵友会使出这一招。

猫奴小叮咛 露出肚子这种重要部位，在野生世界里是不可能发生的事。就算不是完全地仰躺，头朝下的侧躺姿势也代表着喵主人感到很安心。当它确定此处没有敌人很安全的时候，才会用屁股或背朝向你。

全力冲刺中〜

上完厕所，四处狂奔！！

\#行动　\#厕后嗨

通常发生在如厕后，俗称：厕后嗨

各位喵友，你们上完厕所会在屋子里跑来跑去吗？这个现象被称为"厕后嗨"。除了跑来跑去，还会磨爪子、大声吼叫。有些喵友是上厕所前会变得很嗨。这是野生时代留下来的习性。野生时代的祖先有时会在狩猎过程中在高处排泄，那些排泄物无法遮掩。可是在显眼的场所排泄是很危险的事，正因为危险，所以心情会很亢奋。

> 猫奴小叮咛 基本上，厕后嗨并非疾病。不过，有些猫是因为便秘或膀胱炎而出现厕后嗨的行为。要是发现喵主子的情况不同以往，即便是有些许异状，都要尽快咨询医师。

最讨厌不干净的猫砂盆

　　我们猫族非常爱干净，最讨厌排泄物堆积、滋生细菌的脏兮兮猫砂盆。有些喵友还因此忍着不上厕所，导致生病。清理猫砂盆是主人的义务，请大声告诉他们："帮我换猫砂，把猫砂盆清理干净！"但如果主人经常不在家，没办法马上清理，那就多准备几个猫砂盆，这样我们就能干干净净地上厕所啦。

好一臭

　　我的主人很爱干净。每次我上完厕所，他都会帮我清理脏了的猫砂，换上新的猫砂。每个月还会洗一次猫砂盆，所以我每天都很愉快地上厕所。脏兮兮的猫砂盆，我一次都没碰到过。遇到好主人真是太幸运了。

这儿是我的地盘哦！

#行动　#磨爪子

抓抓

抓抓

🐱 边伸懒腰边磨爪子

　　磨爪子除了是保养，也是在把趾间或肉球的臭腺所分泌的气味沾在某处做记号。边伸懒腰边磨爪子是为了让身体变大，给对方"我很强"的印象。而且，在很高的位置留下爪印，也会让其他猫以为"这附近有这么大的猫啊"，避免发生争地盘的情况。有些猫为了让自己看起来强壮，还会站到台子上磨爪子。

（　猫奴小叮咛　喵主子磨爪子还有其他理由。当它们处于亢奋状态或有压力的时候，为了让心情平静就会一直磨爪子。这时候如果你出手制止，肯定会受伤哦！　）

狩猎前摇摇屁股

#行动 #摇屁股

摇摇

屁股

进入狩猎模式！

　　猫原本是以猎食老鼠等小动物为生的动物，狩猎技术比狗高明许多。发现猎物后，先放低身子躲在草丛里，之后就能抓到猎物。瞄准猎物时，摇尾巴保持身体平衡，所以屁股也会跟着摇摆。

> （猫奴小叮咛）和人类一起生活，不再狩猎的猫，基于本能也会做出这样的动作。看到逗猫棒想飞扑，把人类的脚当成猎物玩耍，这些时候它们的狩猎魂被激起，然后摇起屁股来。

#行动 #两脚站立

那是什么，好想知道……

试着用 两只脚站起来

想往上看或察觉到细微的声音、动静时，试着用后脚站起来。好奇心旺盛或警戒心强的喵友常用两脚站立，观察周围的情况。虽然这模样很像土拨鼠，但这并不是什么特殊的姿势。有人说像是马戏团的杂耍？我们猫族才不干那种事，我们是为了自己才站起来的。

> 猫奴小叮咛　猫听到在意的声音或闻到在意的气味时，会用后脚站起来寻找来源。玩逗猫棒的时候，也会不自觉地站起来，对吧？猫的后脚肌肉很发达，身体也柔软，站对它们来说不是吃力的事情。

那个声音是从哪里传来的？

#行动
#歪头

 ## 歪着头是在找寻声音的来源

我们猫族的听力非常好。喵友们应该都知道自己的耳朵可以 180° 转动吧？而且左右耳还能各自朝不同的方向转动哦！各位不妨试着歪一下头。改变耳朵的角度，可以更准确地找到音源的方向。人类有时也会歪头，但那不是在找寻音源，只是表达"我不知道"的意思。希望他们向我们学着点，努力找出答案。

> （猫奴小叮咛）猫的耳朵对高音相当敏感。所以，听到人类高亢的声音或突然发出的巨大声响它们会受到惊吓，产生压力。有些猫不喜欢接近小孩子，应该就是因为小孩子总是尖声吵闹。

下雨天就懒洋洋不想动

#行动　#雨天

无法狩猎的日子是保留体力的日子

　　这是野生时代的习性。雨天狩猎不容易听到猎物的声音，也不太闻得到气味，失败的可能性很高。而且，被雨淋湿身体也会消耗体力。对生活在野外的猫来说，下雨是很糟的事，所以它们会想："别浪费体力，今天好好休息吧。"

　　晴天则是绝佳的狩猎日，而遇上晴雨不定的阴天喵友们会觉得很郁闷。

> **猫奴小叮咛**　猫的心情也会随着时段改变。野生的猫早上外出狩猎，吃饱后好好休息保留体力，晚上再去狩猎。假如喵主子晚上突然变得很嗨，在家里跑来跑去，可能是进入了野生模式。

随天气改变的心情

　　天气的好坏对狩猎的成果有很大的影响。晴天是狩猎的好日子，所以我们会充满干劲、活力十足。下雨天的时候，想到小动物都躲在巢穴里，实在提不起劲，心情变得很差。为了保留体力，雨天还是睡觉最好。阴天虽然可以狩猎，但"说不定会下雨……"，面对不明朗的天气，心就是静不下来。由于野生时代的本能仍保留至今，所以心情会随着天气改变。

　　人类常说"猫很善变"，或许是因为我们的心情会随着天气改变，这是有根据的。无法抵抗本能，人类也是这样吧？

#行动　#放屁

屁屁传出臭臭的味道……

那是肠子里的气，也就是放屁

臭臭的味道，其实就是屁。肠子分解碳水化合物等营养成分时，会产生二氧化碳，那些气体（屁）由屁股排出体外。人类放屁时会发出"噗"或"噗——"的声音，但猫很少会有屁声。就算有，声音也很小。有位喵友的女儿说："男生的屁好臭。"那么说是不对的。公猫与母猫的屁并没有臭味的差异。屁臭不臭与吃的食物有关。

（ 猫奴小叮咛 ）猫也和人一样会放屁哦。屁臭不臭与食物中的蛋白质含量有关。猫粮富含蛋白质，所以猫的屁比狗的臭。另外，猫肠胃消化不良时也会放臭屁。

家电用品很好躺

#行动 #喜欢待在家电上

电器用品
是超棒的取暖场所

猫觉得冷的时候会移向温暖的场所。微波炉或暖炉等电器用品会发热，所以不少喵友都会想："要取暖，就找那个家电。"对吧？

有位喵友很喜欢笔记本电脑的键盘。每当主人开始打字，它就马上坐到键盘上取暖。

虽然这样会妨碍主人工作，但只要露出肚子撒撒娇，主人通常不会计较。

> (猫奴小叮咛) 猫对温度的变化很迟钝（请参阅 P153），经常因为待在暖炉旁而被烫伤。天气开始变冷时，建议准备宠物用的电暖气，让喵主子可以安全取暖，这样你也能安心。

109

#行动　#在窗边监视

待在窗边直盯着屋外

其实是在监视有没有入侵者

生活在室内的猫也很在意自己的地盘是否安全。有时同居的喵友会一直看着窗外，对吧？它们看似优哉地望着窗外的花草树木，其实是在监视地盘内（室外）有无入侵者。假如傻傻地以为"室内很安全"，一旦敌人入侵，就无法及时反击了。所以平时要好好巡视地盘周围哦！

> **猫奴小叮咛**　看到喵主子一直盯着窗外瞧，有些人会觉得"它被关在家里好可怜，应该很想出去吧"，那可就大错特错了。没有敌人又不愁吃喝……谁想离开这么棒的地方啊，它们可是一点儿都不想离开家哦。

#行动　#随地小便

到处嘘嘘

啊～～

留下自己的气味
才会感到安心

　　站着、竖起尾巴撒尿，猫这样的举动被称为"喷尿"。这是猫为了留下自己气味而做的标记行为，此时的尿味颇重。野生的猫会到处喷尿散布气味，有固定地盘的家猫基本上不需要做这种事。不过，当发生环境变化或有客人造访等让猫感到不安的情况时，猫就会不自觉地做出这样的举动。

（猫奴小叮咛）平常都很乖，突然随地小便，可能是压力所致。喵主子随地小便时，请先默默观察一段时间，若能找出给它带来压力的根源，请帮它缓解内心的不安情绪。

不安……舔身体是一种习惯

让心情冷静下来的好方法

舔身体除了是清洁身体的行为，也有抑制兴奋、稳定心情的效果。各位喵友想起小时候被妈妈舔身体的回忆，应该会觉得很幸福对吧。

喵友打架时，一方突然间舔起身体，表示"我太激动了，先冷静一下"，那么做是为了静下心。下次你也试着舔舔身体冷静一下，看对方接下来如何出招。

> 猫奴小叮咛　有时主人正在生气，看到猫在舔身体反而会更火大，怒骂："嗯！你有在反省吗?!"其实喵主子不是没在反省，它只是在保持镇定……所以，请不要对它太凶。

缓和不安的"转移行为"

　　我们猫族有压力或不安时，会做其他事转移注意力，这被称为"转移行为"，好比人类感到困扰时会有抓头的举动一样。舔身体让心静下来、压力解除时叹气、舔鼻子等都是转移行为。想让主人知道自己有压力，结果却被说成"好可爱"，实在很无力。希望主人们好好了解我们的内心与行动的关系。

　　"转移行为"听起来好难懂哦。对了，我认识一位老爷爷，每次找它玩，它好像都会舔身体或叹气……咦？！难道那也是转移行为吗？！所以说，我让它觉得有压力？！

#行动　#打哈欠

睁着眼打哈欠！

哈啊……

 ## 应该是
处于紧张的状态

想睡的时候会闭着眼睛打哈欠。那么，睁着眼打哈欠是为什么呢？答案揭晓！那正是前文提到的"转移行为"之一（请参阅 P113）。

觉得有压力或紧张时，通过打哈欠转移注意力。但此时必须对周围的状况保持警戒，所以不能闭眼睛，因此才会出现睁着眼打哈欠的举动。

猫奴小叮咛　被骂的时候打哈欠，这就表示喵主子的心里很紧张。正因为如此，它会睁大眼睛保持警戒。狗也是如此，为了消除紧张，它们也会打哈欠哦。

狭窄**的**地方**好舒服**

或许是想起以前住过的地方

　　我们猫族在野生时代都住在狭小的岩洞等阴暗的场所。直到现在，待在暗处仍然令我们感到安心。尤其是大小合适、敌人无法趁机闯入的地方最棒了。

　　我的主人曾经花大钱买床给我，可是那玩意儿坐起来一点都不舒服，还不如给我一个纸箱。虽然主人很受伤，但我希望他能明白，我只是比较重视舒适度。

> **猫奴小叮咛**　有些猫会钻进比自己身体小的箱子。那应该是因为小时候待过类似的地方，以为自己现在也进得去。如果家中有不希望喵主子进去的狭小空间，请放东西挡住。

#行动　#老伯伯坐姿

怎么坐才能放松？教教我！

沉——稳

老伯伯坐姿的效果很不错！

　　生活在室内的喵友，基本上因为安全有保障，不必随时提高警觉，偶尔可尝试放松的姿势。先将后脚往前伸，一屁股稳稳地坐在地上，虽然乍看很像老伯伯的坐姿……怎么样？是不是觉得很舒服？有些喵友应该看过苏格兰折耳猫这样坐吧。人类说这叫"苏格坐"，不过其实各位都做得到哦。

猫奴小叮咛　这种坐姿可能是喵主子理毛时发现这样坐"好轻松"，于是养成了习惯。屁股贴地的话，无法马上移动身体，喵主子只有在完全放松的时候才会采用这种姿势。

睡觉前先「踏踏」

#行动 #踏踏

搓搓……

揉揉……

想起了母猫的胸部

喵友们，还记得小时候喝奶，我们会用前脚搓揉妈妈的胸部。想起当时心满意足的感觉，就会忍不住想搓一搓、踏一踏。小猫通常在出生后 6 周左右就会断奶。有些更早和母猫分开的小猫会一直保有小宝宝的心态。被母猫充分照顾的小猫，长大后不太会有踏踏的举动。如果对主人做出搓揉的动作，可能是在撒娇。

> **猫奴小叮咛** 小猫搓揉母猫的胸部是刺激乳腺、促进母乳分泌的本能行为。假如喵主子搓揉你的肚子，应该是把你当成母猫在撒娇呢。

每到晚上就很想跑跑跳跳！

#行动 #晚上有精神！

我跳

半夜是狩猎的时间

野生的猫会用在黑暗中也能看得很清楚的视力，在傍晚到半夜进行狩猎，甚至持续至清晨。这和我们猫族的祖先过去生活在沙漠有关。白天的沙漠非常热，活动很耗体力，当时的猫都是等到气温变低后才去狩猎的。这样的本能保留至今，所以有时到了半夜我们的"狩猎魂"会苏醒。可是，因为没有猎物，只好在家里跑来跑去、爬上窗帘或高处，以此消耗体力。

猫奴小叮咛　如果喵主子半夜狂奔吵到邻居，那就得想想办法了。例如，睡前用逗猫棒陪它玩，对猫来说这是颇耗体力的事。猫奴们，请好好学习陪玩的技巧吧！

咳咳，是毛球！我会死翘翘吗？

#行动 #吐毛球

天啊?!

咳咳……

请主人帮你梳梳毛

猫在理毛时吞下的毛会在胃里变成球状，为了避免卡在胃里，会将其吐出来。

有项报告指出，猫平均一天花3.6小时理毛，也就是说，醒着的时候约25%的时间都在理毛。猫舌表面有粗糙的突起物，如果长时间理毛，肯定会吞下大量的毛。喵友们，还是多请主人帮忙梳毛吧。

> **猫奴小叮咛** 为避免长毛猫吞下太多毛，必须定期为它们梳毛。每月梳一次，去除多余的毛，减少被吞入的毛量。猫也和人类一样，长毛（发）真的不好保养。

#行动　#吸吮毛织品

主人的衣服，好好吃

味道不错

羊毛制品不是食物

　　有些喵友喜欢吸毛衣或毯子等羊毛制品，吸着吸着会不小心撕破吃下肚。这种行为叫作"吸吮毛织品"，据说是小时候没能满足吸奶的欲望所致。当然，吃下肚的羊毛无法消化。如果能和粪便一起排出体外还好，但很有可能卡在肠内。就算看起来美味可口，也绝对不要吃下肚。万一卡在肠子里，就得剖开肚子了哦！

> **猫奴小叮咛** 假如喵主子有吸布的习惯，请留意它是否吃布。若有差点吃掉的情况，请将布制品收在它碰不到的地方。要是它对布很执着，试着增加玩的时间，转移它的注意力。

真无聊，干脆来抓尾巴好了

#行动 #追着尾巴绕圈

喵—

 这是在跟主人说"来玩吧！"

　　猫没事做的时候会追着自己的尾巴绕圈圈。不过，这样的举动主人看不懂。这时不妨对着主人把尾巴卷成倒 U 字形，找他一起玩"你追我跑"。如果主人开始追着你跑，那就好好玩吧！不过，有些主人真的很迟钝。遇到这样的主人，只好恶作剧一下，让他知道你闲得发慌。

> **猫奴小叮咛** 猫会去追逐四处逃窜的小东西。有些猫玩到一半，刚好看到自己的尾巴，结果没发现那是自己的尾巴，以为是猎物，所以拼命地追着跑。

突然很想往下跳

\#行动　\#高楼综合征

我 ——— 跳 ！！

蠢蠢欲动

想从高处往下跳的 "高楼综合征"

由于这种欲望好发于高楼大厦，故得此名。我们猫族的平衡感很好，从高处掉落的过程中能够调整姿势避免受伤，但有时仍会导致骨折或肺脏破裂，最糟的情况就是死掉。而且可怕的是，有过一次经验就会重复发生……请各位喵友绝对不要随便从高处往下跳哦。

猫奴小叮咛　切记，就算是从二楼掉落，也有可能会死亡或留下后遗症。不要因为住在低楼层就放任喵主子出入阳台，窗户随时关好是最佳的预防对策。

最棒的休息姿势是什么？

#行动 #休息姿势

真舒服

 趴在高处，脚晃啊晃

当我们真的很累的时候，该用什么姿势休息才好？趴在高处，让脚晃啊晃，非常舒服哦！猫在野生时代就会像这样趴在树上休息，这样的习性保留至今。

摇晃脚可帮助我们散热。如果家里有猫塔，请试着趴在顶端。这样一来会让我们觉得疲倦尽消，心情愉悦。

(猫奴小叮咛) 猫趴在高处、全身放松摇晃脚的模样，简直就像趴在树上休息的狮子啊！通常这时候喵主子都很累，请别勉强它起来。而且，这也是拍照的好机会！

#行动 #春季亢奋

到了春天就「性」致高昂！

春天是恋爱的季节

　　有些喵友说，每到春天，住在一起的喵友就会很兴奋……那它应该是遇到好对象了。春夏是猫生育后代的季节，到了春天，繁衍子孙的本能让身体蠢蠢欲动。因为身体进入交配模式，心情也变得雀跃，就像人类恋爱一样。春天是恋爱的季节，或许你也会遇到你的"真命天喵"哦。

猫奴小叮咛　到了春天，喵主子可能会变得静不下来，有时还会大声叫，因为它进入了发情期。即使是家猫，也可能在发情期跑出家而迷路，或是和野猫生孩子，请仔细留意。

猫的"性"事

　　猫的发情期是在日照时间变长的时期，一年会发生数次，最明显的发情期是初春。因为这段时期气候温暖，猫容易捕获猎物，有利于生育后代。不过，现代的猫都生活在晚上有灯光的环境中，而且不愁吃喝，所以冬天也会发情。母猫发情后，散发的费洛蒙吸引公猫，公猫也跟着发情。由于主导权在母猫，公猫只好聚集至母猫身边，通过叫声或气味努力宣示自己的存在。这场母猫争夺战彻底激发公猫的"战斗魂"！

别靠近我

你好帅哦

不行吗？

　　我也有过那样的时期啊。我以前和"猫界女神"在一起过哦！你说我吹牛？我现在老归老，还算帅吧！听我"过来猫"的建议准没错。总之，撒泡臭尿好好宣传自己吧！（请参阅P85）

#行动　#舔脚

忍不住舔前脚

舔手手

舔手手

舔手手

变回
小宝宝的感觉

喵友们，各位有过想舔前脚的时候吗？说出来真难为情，其实我也有过。这个舔脚的举动要回溯到我们小时候。当时我们是舔沾在前脚的母奶，这样的习性仍保留至今。虽然我们已经长大，但偶尔变回小宝宝也不错啊！另有一种说法是，我们理毛的时候会咬爪子，后来变成含前脚的动作。

> 猫奴小叮咛 喵主子舔前脚是为了静下心。因为它们小时候被母猫舔觉得心情平静，所以长大后自己舔。被抚摸应该也有相同效果。

感觉有危险时，全身变得僵硬

#行动 #僵硬

避开危险的正确姿势

在野外遇到敌人时，为了不被认出是"动物"，我们要静静地待在原地保护自己。假如身陷险境，建议你最好像石头一样一动不动，要是不小心眨眼就麻烦大啰！请把自己当成石头。如果对方的警戒心强，或许会跟你耗一会儿，但基本上都能全身而退。万一察觉到不对劲，请赶快逃走！保命要紧，逃为上策。

> **猫奴小叮咛** 有时喵主子会突然在你面前变得僵硬，它应该是觉得你散发出危险的气息。这时候，请先离开现场。只要你不在，它就能消除不安情绪，恢复放松状态。

上完厕所后

一点点

第5章
身体的秘密

视觉、听觉、嗅觉、运动神经……

你或许还没发现自己的潜能！

视野非常宽广

#身体 #视野

有猎物……

斜后方的猎物 也能看得很清楚

没错！我们猫族在看着前方的同时，也能看到斜后方。所以，很快就能捉到猎物，敌人从后方接近时也会马上察觉。人类的视野只能看到旁边。喵友们可以试着悄悄站到主人的斜后方，绝对不会被发现。过了一会儿，主人发现时一定会很惊讶地说："吓我一跳！你怎么会在那里？"人类真的是很散漫。

（猫奴小叮咛）人猫视野比一比。首先，面向前方的整体视野，人类是210°，猫是280°，猫胜！接着，双眼重叠部分的视野，人类是120°，猫是130°，又是猫胜！这下子各位应该明白猫有多厉害了吧？

#身体 #色觉

看不出「红色」……

哪个颜色适合我？

夜晚的世界
不需要分辨颜色

猫本来就是夜行性动物，而且在暗处不需要分辨颜色。人类的世界光是蓝色就分为数十种（甚至更多），而人类所说的"灰色"就等于猫眼中的"红色"。

分辨颜色并不是求生的必要能力，所以不必担心。如果主人穿上新衣问你："这颜色适合我吗？""喵——"一声应付一下就好了。

（猫奴小叮咛）猫感知颜色的视细胞数只有人类的五分之一左右，尤其缺乏察觉红色的细胞。对猫来说，红色是近似灰色的颜色。猫虽然比较容易分辨蓝与绿，但看到的状态还是比人类模糊。

＃身体　＃明朗毯（tapetum lucidum）

在阴暗的环境下也能看得见

猫有"明朗毯"，所以看得见

　　明朗毯、明朗毯、明朗毯……这个词听起来很陌生吗？它是在视网膜后的一层膜。明朗毯能够将微弱的光的亮度提升约 1.5 倍。很厉害吧？因此，猫可以在阴暗的环境中活动自如。各位喵友在暗处时，记得打开你的明朗毯哦。可是，明朗毯只在有光的地方才会发挥作用，在没光的黑暗场所起不了任何作用。总之，明朗毯听起来很酷，对吧。

> 猫奴小叮咛　"猫的眼睛在黑暗中会发光耶！"许多人对此感到惊讶。但对猫来说，这样的反应实在大惊小怪。猫眼发光是明朗毯收集到的光反射所致的。所以，下次见到请别大声嚷嚷。

远方的东西看不清楚

#身体 #近视

模 糊

不会动的东西，看起来很吃力……

猫看静止不动的东西会很吃力。如果距离20米，根本看不清楚，通常视界的两端会显得很模糊。不过，看正在动的东西，也就是猫的动态视力，那可是超强的哟！喵友们看过电视吗？对我们来说，那是持续改变的静止的画面，不过对人类而言却是流畅的动画。要是我们的动态视力差一点，就能享受看电视的乐趣了。

猫奴小叮咛 猫的眼睛是近视眼，只有0.2～0.3的视力，可是它们有绝佳的动态视力。在距离50米的地方，如果有东西在动，它们可以看得很清楚，每秒仅4毫米的微小动作也绝对不会错过。喵主子真的很厉害，对吧？

猫宝宝的蓝色眼睛真可爱

\#身体　\#幼猫蓝眼（kitten blue）

 小猫的眼睛都蓝蓝的

　　小猫的蓝色眼睛很可爱，对吧？喵友们小时候也是这样的哦。或许有些喵友会说："现在一点都不蓝啊？"那是因为，蓝色眼睛只限小猫时期，所以被称为"幼猫蓝眼"。随着成长，黑色素沉淀，眼睛的颜色逐渐改变，才成为现在的颜色，至于变成什么颜色则和基因有关。要是你不相信，可以问问主人，请他让你看看小时候的照片。

猫奴小叮咛　虽然不是每只猫都一样，但通常出生后 2 个月左右，色素开始变得明显，大约 6 个月的时候，颜色就会固定。黄色、金色、绿色等，猫的眼睛会变成各种颜色。家中有小猫的话，请好好期待它的眼睛会变成什么颜色。

奇怪，主人没听到那个声音吗？

🐱 猫拥有出色的听力

咦？天花板那儿有老鼠的脚步声。猫是天生的猎人，听力比人和狗敏锐，像人类就听不到老鼠发出的微弱声音，但不能告诉他们"那里有老鼠"哦。因为人类很怕老鼠，说了会让他们手忙脚乱。而且，家里说不定以后就到处都是捕鼠的机关了。如果想过平静的生活，还是假装没听见吧。

> **猫奴小叮咛** 猫的五感之中，最优秀的就是听力。人类的可听范围是 20 ~ 20000 赫兹，狗是 20 ~ 40000 赫兹，猫则是 30 ~ 60000 赫兹。它们利用如此出色的听力察觉小动物发出的微弱声音，进行狩猎。

#身体　#听觉

那声音是，我最爱的饭饭！

喵——

动作真够快!!

猫能够分辨出声音的微妙差异

　　主人在别处准备食物时，我们猫族总是能很快发现。今天的饭饭是我爱吃的东西，太棒了。若说猫的优秀听力就是用来吃饭的，一点也不为过。听到喜欢的食物发出的声音，猫会立即冲向主人。如果听到的是不喜欢吃的东西，不少喵友都会逃跑，明明是有明确的理由才跑开，有些人类却说"猫真是任性啊"。

> **猫奴小叮咛**　就连老鼠的动静也能察觉，饲料袋的声音对猫来说根本是小事一桩。喜欢的饲料，发出的是"喀沙"声，讨厌的饲料则是"喀嚓"声。假如你想偷偷把讨厌的饲料倒进喜欢的饲料袋里，当心被喵主子抓包哦。

走路的时候摇晃尾巴

#身体 #摇尾巴

用尾巴
保持身体平衡

边摇尾巴边走路的姿势，看起来很优雅，对吧？尾巴的厉害之处不只是为外表加分，走路时还能保持身体平衡。如果走偏了，猫会利用尾巴根部的 12 条肌肉重新调整姿势。从高处往下跳，或是走在狭窄的护栏上、往上跳等，这些猫能自然完成的动作都是因为有尾巴才做得到。只要有 3 厘米左右的宽度，猫就能行走。

猫奴小叮咛 有些人会担心："我家的猫尾巴很短，这样有办法保持平衡吗？"当然可以！请仔细观察那短短的尾巴，虽然比长尾巴略逊一筹，但仍能通过摇晃来保持平衡。

#身体 #味觉

「甜」是怎样的味道？

类似碳水化合物的味道

女性常会开心尖叫着说："这个甜点好甜，好好吃哦！"猫不懂甜味，不知道那是什么感觉，但小麦之类的碳水化合物的味道，应该与"甜"味很类似。不过，因为猫不吃腐烂的东西或有毒的东西，所以我们对苦味、酸味倒是很敏感。

人类所说的"咸"味也是我们不需要的东西。总之，猫察觉不出甜味和咸味。

> 猫奴小叮咛 "我那么用心准备，不要一口气就吃光啊！"有些人会因此感到沮丧，可是猫本来就不懂得"品尝"。为了不被抢走安全的食物，狂吞猛咽才是享受吃的幸福。

猫的"猫舌头"

怕烫的人会被说是"猫舌头"。其实不光是人类，所有的动物都是"猫舌头"。不了解这件事的主人，有时会自以为体贴地端出热热的食物。人类似乎认为"热热的食物＝满满的爱"。如果反应太冷淡，主人会难过，但还是等到变凉再吃吧。

是的是的，就算我很爱吃，也不会吃热热的食物。干吗吃那么烫的东西？去年夏天的某天，我的主人说"很热吧？喝点这个消消暑"，让我喝了很冰的水。我边喝边想："也太冰了吧！"结果就拉肚子了……有些喵友喜欢冷一点的东西，但我觉得温的比较好。各位主人，请好好了解猫的喜好。主人，我要吃饭饭了！

#身体　#理毛

用舌头舔一舔，就会变干净？

表面粗糙的舌头可以清除污垢

第2章也提过"猫需要洗澡吗？"（请参阅P66）这件事。喵友们看过自己的舌头吗？舌头表面布满细小的倒刺。那些倒刺就像能清除细微脏污的刷子。此外，为了维持毛的美丽，还得借用主人的手。为我们梳毛对主人来说是很幸福的事。坐在主人的膝盖上，看着梳子"喵——"一声，他们就会开心地帮我们梳毛。

> 猫奴小叮咛　猫舌表面有许多被称为"钩状乳突"的细小突起物。这相当于刷子，能让猫把身体舔干净。所以，喵主子不需要洗澡，但偶尔需要你帮它梳毛。

猫的速度到底多快？

最快速度是……惊人的时速50千米！

速度和猎豹差不多……才怪，没那么厉害啦！但在动物当中，猫的速度算快的了。

猫的专长是冲刺。把猫想成体形缩小的豹，相当发达的后腿肌肉有如弹簧。"好，我去啰！"这么想的同时，它们就会使出弹簧腿奋力向前冲。想知道自己的速度有多快？请主人帮你测量吧。

> **猫奴小叮咛** 长颈鹿和水豚也是时速 50 千米的动物。嗯，感觉它们速度都不快。
>
> 时速 50 千米约为秒速 13.8 米。也就是说，跑 100 米大概是 7 秒。这样有觉得很快了吧？

猫的跳跃力超强哦！

#身体 #跳跃力

最高纪录……
两米！

前页的"脚程"中也有提到，猫的后脚有如弹簧，这对跳跃也有帮助。一起来试试看吧，请摆出平时的姿势，后脚的膝盖有弯曲，对吧？也就是说，弹簧是折叠的状态。听到"预备——跳！"的时候，一口气伸直膝盖（＝放开弹簧）哦。预备——跳！……跳得很高吧。经常锻炼的前辈们，可以跳到自己身长的5倍哦。各位喵友平时也稍微锻炼一下，但请留意别受伤。

> 猫奴小叮咛 养猫的人都知道，猫能够跳得很高。所以啊，别把不能摔落的东西摆在它们跳得到的地方。"这儿应该碰不到吧"，假如你轻视喵主子的实力，吃亏的可是自己。

少惹我！赏你一记猫拳！

#身体 #猫拳

有锁骨才办得到的绝招

就算对方在稍有距离的地方，也能用前脚使出猫拳进行攻击。这一招靠的是锁骨。身体小归小，但因为有锁骨，猫可以自由地左右移动前脚。狗几乎没有锁骨，所以前脚无法左右移动，当然也使不出狗拳。它们除了直接攻击就只能叫，想想还真无奈，怪不得有"败犬的远吠"这句话。既然狗这么可怜，喵友们请不要对它们出猫拳。

> **猫奴小叮咛** 猫出生后 1～2 个月就会边玩边学习怎么出猫拳。除了打架，确认安全时也会用到猫拳。对于初次见到的玩具，心想："这东西安全吗？"接着使出猫拳，确定是安全的东西才会开始玩。

今天的饭饭，闻起来臭臭的……

#身体　#嗅觉

……

要以气味判断食物是否安全

　　闻起来臭的食物可能已经坏了，快退还给主人。我们猫族会通过气味判断食物的安全性。各位喵友不会吃那些闻起来没味道的东西，对吧？因为无法判断安不安全。此外，从气味也能知道猫食中添加了哪种蛋白质。蛋白质对猫来说是重要的能量来源。还有这种说法：毛色深的猫的嗅觉比毛色浅的猫敏锐。

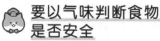　动物嗅觉的好坏依鼻黏膜细胞的数量或性能而异。人是 1000 万个，猫是 6000 万个。据说猫的嗅觉比人灵敏好几倍。顺带一提，警犬的鼻黏膜细胞是 2 亿个。遇到警犬，想逃也逃不掉！

鼻子干干的 = 想睡

　　喵友们，请摸摸你的鼻子。是不是有点湿？这代表你的鼻子很健康。因为湿湿的鼻子才容易吸附气味分子。不过，放松或睡觉的时候，鼻子表面通常是干干的。与喵友一块儿放松时，突然兴起想玩的念头，先确认喵友的鼻子状态。要是干干的，表示它可能困了。不要勉强它一起玩，让它好好睡一会儿。

啊，它的鼻子干干的！

好想睡……

　　湿湿的鼻子除了嗅闻气味，也比较容易察觉风向或温度。猫会用鼻子测试食物的温度。不过，必须是适度的湿。如果因为流鼻涕变得湿答答的话，那就不是适度的程度，应该是感冒了。什么？你的鼻子总是干干的？快请主人带你去看医生。

#身体 #睡姿

睡着了还是会动来动去？

动来动去
可能是在做梦

我同事老在我的研究室睡午觉。前几天，原本安静睡觉的同事突然朝着空中挥拳。之后又像什么都没发生过似的继续熟睡。同事醒来后，我问它刚刚怎么了，它说："我梦到在打架！"又过了几天，它边睡边说："唔喵唔喵"，还伸直前脚做伸展操。那次它也说是"做梦"，所以猫做梦的时候说不定也会动来动去。

(猫奴小叮咛) 到底是不是在做梦，只有喵主子知道。不过，猫和人一样也会边睡边说话或动来动去。有人说那是动眼睡眠的状态。反正那模样蛮可爱，静静看别吵醒它，让它舒服地睡一觉。

肉球好有弹性

#身体 #肉球有弹性

那是满满的脂肪

人类超爱我们的肉球。其实肉球中有脂肪与大量的弹性纤维。肉球的厚度是长了毛的皮肤的 100 倍左右。肉球不只有弹性，还有吸收冲击力的作用。把肉球当作缓冲垫，走起路来完全没声音。猫狩猎的时候，埋伏等待猎物，悄悄接近后，立刻咬住。为了不让猎物发现，消除脚步声的肉球是不可或缺的存在。

猫奴小叮咛　肉球的皮肤厚度约 1 毫米。其他皮肤的厚度约 0.01 毫米。爱肉球的人很多，其实那和人类手掌柔软的部分是相同的组织。不过，还是猫掌可爱 100 倍。

＃身体　＃肉球粗硬

肉球⋯⋯硬硬的？！

皮肤变硬了，赶快告诉主人

变硬的皮肤叫作"皮角"。通常长在肉球上，也会长在其他地方。虽然皮角并非恶性，但有时是因为生病才长皮角的。尤其是上了年纪的猫更要留意。如果发现有皮角，让主人看看你的脚。最爱肉球的主人应该会发现该异状。要是被带去医院，也记得让医生看看你的脚。

> 猫奴小叮咛　长皮角的原因是皮肤的角质增生于某个部位。有时是因为鳞状细胞癌等疾病所致的，假如发现有皮角，请带喵主子去医院接受诊疗。感染猫白血病病毒的猫也容易长皮角。

啪叽

啪叽

猫只有肉球的部分会出汗

肉球渗水让你吓到了吧？别担心，你没生病。那是身体释出的水分，也就是汗。请摸摸你的肉球，是不是有点湿？平常都是这样的状态。被敌人追赶觉得紧张时，会出更多汗。你有在榻榻米上走过吗？走在榻榻米上时会发出"啪叽啪叽"的声音，那是因为肉球变湿了。对了，爬往高处时，肉球的汗可以帮助止滑哦。

> 猫奴小叮咛 人体各处都有汗腺，但猫只有肉球处有。而且，猫不像人会在热的时候出汗，它们在躲避敌人等紧张的状况下才会出汗。觉得热的话，它们会移动至凉爽的地方，伸展身体散热。

＃身体　＃脚趾数量

4、5……前后脚的脚趾数不同?!

手根球

前脚5根，后脚4根

　　没错，这位喵友的观察力很敏锐。猫的前脚有 5 根脚趾，后脚有 4 根脚趾。你数过肉球吗？肉球有各自的名称。先来看前脚。5 根脚趾各有一个"指球"，中央有一个"掌球"，偏下方的位置还有一个"手根球"，总共 7 个。后脚是 4 个"趾球"，中央有一个"足底球"，但没有"手根球"，总共 5 个。不光是脚趾的数量，肉球的数量也不同哦。

　　（猫奴小叮咛）猫有时用 4 根脚趾支撑身体，以踮脚的状态行走。当它们发现猎物时，这样的姿势可以立刻追捕猎物。前脚的手根球没什么用处，那或许是以前用脚跟走路退化的关节。

肚子下垂是因为变胖了？

那是猫都有的垂肚

那是多余的皮肤，被称为"垂肚（primordial pouch）"，每只猫都有。垂肚存在的理由有三个，第一，缓冲肚子受到的攻击；第二，让后脚活动自如，如果没有垂肚就无法顺利完成扭身体或全力跳跃等动作；最后一个理由，是吃太多……要是垂肚很显眼，那就可能是变胖了。

（猫奴小叮咛）垂肚的英文名称中，"primordial"意指"原始的"，由此可知那些靠近野生的种类，垂肚会很明显。经过大量减重的猫，松垮垮的肚子会变成不合体形的大垂肚。

#身体 #胡须传感器

感受空气的流动

万能 & 敏锐的 胡须传感器超好用！

除了动态视力与听力很好，猫还有其他出色的感觉器官，当中以胡须最为优秀！胡须的根部有许多知觉神经，触碰到某个东西就会瞬间将感觉传达至大脑，就连空气的些许流动也能察觉。顺带一提，判断窄路能否通行时，我们猫族也会用到胡须。胡须前端的宽度，就是身体能够通过的尺寸。所以我们用胡须触碰通道，确认能否通行。

猫奴小叮咛 新生小猫的眼睛尚未睁开，所以看不见，它们是用胡须找寻母猫的乳房的。胡须对猫来说是不可或缺的东西。因为胡须非常纤细，请不要拉扯。随便剪短也不行哦。

万能的胡须却对温度失灵

虽然刚刚夸下海口说"胡须万能"，但任何东西都会有弱点。胡须唯一的弱点是对温度的感应迟钝。猫的皮肤本来就对温度变化很迟钝。即使是身体最敏感的胡须，也要等到温度接近50℃才会觉得："好像有点热？"啊，那位老爷爷，您的胡须好短哦，难道是……果然是被暖炉烧焦变短的。

去年冬天真的好冷。我在烧得很旺的火炉旁打盹。结果主人冲过来，相当慌张地说"胡须，你的胡须！"……我自己是毫无感觉的，但我的胡须被烧焦变短了。原本以为是上了年纪，反应变得迟钝了，听了猫博士的说明，看样子是所有的猫都这样啊，哈哈哈。

脚上长毛……

#身体 #长毛

长在身体各处的长毛
也是胡须

"胡须只长在嘴巴周围吗？"当然不是！嘴巴周围长了长长的胡须，身体各处也会长胡须（触须）哦。看看前脚的手根球（位置偏下方的肉球），附近是不是长了三四根长毛，那就是触须。这儿的触须对狩猎很有帮助，因为能察觉猎物的微妙动作，所以就算猎物装死，猫也会马上察觉，从而抓住要害让猎物断气，接着饱餐一顿。

> 猫奴小叮咛　为了将身上的毛与胡须区分开，我们将身上的毛称为"触须"。像猫一样用前脚捕捉猎物的肉食动物，手根球附近的触须相当敏感。即使走在黑暗中，猫也能不依赖视觉，靠触须就能掌握周围的状况。

需要在意胆固醇吗？

#身体 #动脉硬化

有点高的话，不会造成动脉硬化

"胆固醇有点高，但不会造成动脉硬化，别担心。"喵友们有被这么说过吗？动脉硬化是指血管的伤口被胆固醇等附着变硬，容易引发血栓的状态。肉类所含的"N-羟乙酰神经氨酸"会伤害动脉，不过除人类外的大部分哺乳动物（也包含猫），体内本来就有这种物质，所以即使摄取这种物质也不会伤害动脉，不易罹患动脉硬化。

> 猫奴小叮咛 虽然猫比人类不易罹患动脉硬化，但猫胆固醇值异常偏高时仍要注意。胰腺炎或糖尿病等疾病也会让胆固醇值上升。别忽视检查结果，请和医师好好讨论。

吃饱没多久就拉

＃身体　＃立刻排便

那是肉食动物的
肠道构造导致的

　　肉食动物消化食物的肠道导致这样的情况出现。猫的肠子约是体长的4倍，身为杂食动物的人类该比例约为5倍，而草食动物牛该比例则是30倍左右。

　　肉食动物的肠子为何这么短？那是因为吃的东西不同。草食动物吃的东西营养成分不高，消化吸收需要花比较长的时间，所以肠子才会那么长。而肉食动物吃的东西所含的能量较高，就算肠子短也不会影响消化吸收。

> （猫奴小叮咛）　有时喵主子排泄完，毛会沾到便便……
> 这时候，请悄悄用湿纸巾帮它擦掉，或是用梳子梳掉。如果每次都会沾到，请和医生讨论看看，剪掉它臀部的毛也是一种方法。

我嘴里有尖利的牙齿哦！

#身体　#露牙

尖利的牙
是用来咬猎物的

　　因为长相可爱常被忘记，我们猫族其实是肉食动物。"才不是咧"，也许有些喵友会这么想。那么，请走到镜子前，"啊——"，张开嘴瞧瞧。我们猫族上下各有6颗门牙，那是用来把肉从骨头上啃下来的"切齿"。切齿两端的尖牙是咬猎物用的"犬齿"。长在内部用来磨碎肉的是"臼齿"。捉猎物—啃肉—咬碎，怎么看都是肉食动物才会做的事，对吧？

　（猫奴小叮咛）你知道猫也会换牙吗？猫的乳牙共26颗，出生后3～8个月会全部掉光。要找到掉下来的乳牙是很困难的事。听说有些主人偶然发现猫的乳牙后，会相当珍惜地将其保管起来。

#身体 #身体拉长

身体可以拉得那么长啊?!

拉长

伸缩自如的秘密在于关节

　　我们猫族有超厉害的伸展功,体长可以变成平常的 1.3 倍左右哦,有些喵友甚至可伸长到 1.5 倍。为什么猫可以把身体伸得那么长?那是因为我们有柔软的关节。我们可以利用橡胶般的关节蜷缩身体,摆出老伯伯的坐姿或是向后仰,还能随意地伸展身体。因为我们平常都缩成一团,若突然间伸长身体,不少主人看到都会吓一跳。

> (猫奴小叮咛) 猫骨头的数量依尾巴的长度而异,通常是 240 根左右,比人类多出约 40 根。最特别的是脊椎,猫的脊椎是非常柔软的 S 形哦!因此,就算是很狭窄的场所,它们也能顺利通过。

毛变白了，难道是生病了?!

#身体 #白毛

别担心，只是老了

　　人类也有很多头发变白的老爷爷、老奶奶吧？那些人以前都是黑头发，上了年纪后，白发才逐渐增加。猫也是如此，随着年龄增长，毛色会变淡，从黑色变成巧克力色，然后白毛也变多。黑猫尤其明显，实在很难不去在意。你可以试着把白毛想成是丰富历练的勋章，珍惜并接受它。白毛不是因为身体健康出了状况，喵友们请放心。

> （猫奴小叮咛）除了上了年纪的白毛，极少数白毛是由部分制造色素的细胞失去功能的"白斑（白癜风）"所致。猫毛变白的部分慢慢增加，甚至变成全白。虽然暹罗猫毛变白的发生概率略高，但对健康并无影响。

做梦

猫哥怎么睡在这里啊？

呼——
呼——

喔好像很好吃——

啊！！

起身

不行不行……那么多，我吃不下了！

它到底是做了什么梦啊……

呼——
呼——

翻身

整喵大作战

啊，是猫姐！

偷偷接近它，让它吓它一大跳！！

嘿嘿

蹑手蹑脚——……

唉，我都看到了……

假装不知道，陪它玩一次好了……

第6章

猫杂学

不知道就亏大了的小知识。

参加猫聚会时，可当作闲聊的话题。

#杂学 #猫砰砰

有些人会拍车子

砰砰砰

那么做是要确认车里有没有猫

有没有猫睡在车里？用手拍打车子，让猫吓到跑出来，这正是那些人的目的。

在天气变冷的季节，有些喵友会钻进轮胎或引擎盖取暖。不知道车里有猫的人，直接发车造成意外的情况经常发生。为了避免这样的情况，于是人们拍打车子确认有没有猫。千万别假装不在，快点从车里出来，或是"喵——（我在哦）"一声给予回应。

猫奴小叮咛 天气变冷时，有些猫为了取暖会钻进车里。开车前，①巡视车子的下方或轮胎周围；②拍打引擎盖，仔细听有没有猫叫声（这个举动被称为"猫砰砰"），感谢您的合作。

我想当名猫！

我要成为
猫界天王（天后）

　　喵友们知道美国的"袜子"（Socks Clinton）吗？它是美国前总统克林顿养在白宫长达 8 年的"第一猫"。生活在白宫，听起来好酷哦！它受到世界关注，成为全球知名的猫，在历史上留名。它是克林顿先生当选总统前捡到的流浪猫，所以说，找到会当总统的人很重要。当然，找到以后你也别忘了表现出绅士风范哦。

> **猫奴小叮咛** 总统不是人人能当的。不过，最近在很多社交网站出现不少名猫，或许可以试试让喵主子当网红。把镜头对准喵主子拍照，就能拍到很可爱的表情哦。

163

我想长命百岁，登上吉尼斯世界纪录

#杂学　#长寿

活到38岁又4天就能打破纪录

目前的吉尼斯世界纪录中，最长寿的猫是美国的奶油泡芙（Cream Puff），它活了 38 岁又 3 天。日本最长寿的猫是青森县的 YOMO 子，1935 年出生的它，活了 36 年。日本猫的平均寿命是 15.04 岁，有外出习惯的猫是 13.26 岁，足不出户的猫是 15.81 岁。此外，猫也和人一样，母猫活得比公猫久。近年来，愈来愈多猫死于癌症或衰老，医疗技术的进步应该也能延长猫的寿命吧。

> **猫奴小叮咛**　猫龄换算为人的年龄的算式是"18 ＋（年龄－1）×4"。奶油泡芙相当于人类的 166 岁。日本猫的平均寿命相当于人类的 74 岁。目前吉尼斯纪录里活得最久的人类是 134 岁。这么看来，奶油泡芙真的好长寿哦！

看到医生总是心儿怦怦跳

#杂学 #白袍综合征

#杂学 #白袍综合征

 ## 这是血压飙升的"白袍综合征"

看到医生就莫名紧张，怕他会对自己做什么，心脏狂跳，仿佛就要炸开……在这样的状态下量血压，数值会比平时高，这就是"白袍综合征"，白袍是医师穿的衣服。人类的世界有"吊桥效果"这种理论，那是误将恐惧感当成对某人的好感，因而产生爱意。如果爱上医生的话，那讨厌的医院也会变得让猫喜欢吧。

猫奴小叮咛 为了不让喵主子紧张，在候诊室应避免让其接触其他猫。把宠物提包盖上布，遮住它的视线范围。诊疗过程中不少主人会大叫："加油！放轻松！"但这样反而会让猫变得兴奋，请别这么做。

好吃

嚼嚼

#杂学　#猫草

所有植物都可以吃吗？

保证安全的猫草，请放心享用

　　猫不能吃的危险植物多达 700 种以上，包括百合、郁金香、圣诞红、牵牛花、芦荟、仙客来……要全部记住真不容易。不过，主人给的猫草很安全，可以放心吃。猫草能让卡在肚子里的毛球随着粪便排出体外。"因为很好吃，不小心吃太多"该怎么办？别担心，猫草几乎不会被身体吸收，也不会发生营养失衡的问题。

> 猫奴小叮咛　喵主子不吃猫草也没关系。摄取富含膳食纤维的食物或营养补充品，也能让它腹内的毛球随着粪便排出。如果它常吐毛球，或许是其他疾病所致，请带它去医院接受诊疗。

香氛对猫是危险之物

　　用香氛来帮助动物放松的"宠物芳疗"最近似乎很流行。
可是对我们猫族来说，这非但无法让我们放松，还相当危险。
芳疗使用的精油（从植物中萃取的油）含有少量会引起中毒的
物质。除了以下介绍的几种，具危险性的还有很多。当主人点
精油时，赶快离开，让他知道"猫不需要做芳疗"。

猫讨厌的精油（括号内为学名）

柠檬（Citrus limon）

橙（Citrus sinensis）

橘（Citrus reticulata）

葡萄柚（Citrus paradisi Macf）

青柠（Citrus aurantifolia）

香柠檬（Citrus bergamia）

欧洲赤松（Pinus sylvestris Linn）

黑云杉（Picea mariana）

胶冷杉（Abies balsamea）

牛至（Origanum vulgare）

百里香（Thymus vulgaris）

丁香（Eugenia caryophyllata）

夏季香薄荷（Satureja hortensis）

冬季香薄荷（Satureja montana）

肉桂（Cinnamomum cassia）

精油名称有时依地区而异，请务必确认学名。

　　基本上，猫不喜欢强烈的香味，尤其
讨厌柑橘类的香气。"点了精油的房间，
我才不会靠近！"很多猫都是如此。顺带
一提，人类喷洒在院子里的"驱猫喷雾"
即含有薰衣草、肉桂、迷迭香、橘子等成分。

我很胖吗？

#杂学　#体重

比1岁时的体重多 1.2倍就是肥胖

　　肥胖是指体重"比理想体重多 1.2 倍以上"。理想体重是成长期结束时的体重，也就是 1 岁生日时的体重，那是猫一辈子的理想体重。不过像缅因猫的成长期较长，所以理想体重不是 1 岁生日时的体重。当然，理想体重会依种类或性别而异，但平均误差为 3 ~ 5 千克。各位喵友如果想知道，可以去问主人，他们应该都有做记录。

> 猫奴小叮咛　据说四成的家猫都有肥胖的情况。"胖胖的还是很可爱，没关系啦"，很多主人都会有这种想法，但肥胖是疾病的根源。顺带一提，猫腹部的皮肤因肥胖而撑大后，就算变瘦也不会恢复哦！

胖猫诊断

请主人帮忙确认看看♪

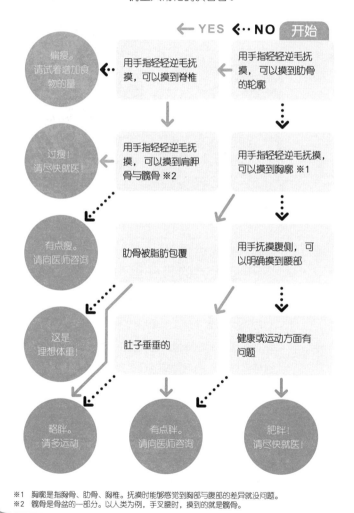

← YES ‹··NO 开始

| 偏瘦。请试着增加食物的量 | 用手指轻轻逆毛抚摸，可以摸到脊椎 | 用手指轻轻逆毛抚摸，可以摸到肋骨的轮廓 |

| 过瘦！请尽快就医！ | 用手指轻轻逆毛抚摸，可以摸到肩胛骨与髋骨 ※2 | 用手指轻轻逆毛抚摸，可以摸到胸廓 ※1 |

| 有点瘦。请向医师咨询 | 肋骨被脂肪包覆 | 用手抚摸腹侧，可以明确摸到腰部 |

| 这是理想体重！ | 肚子垂垂的 | 健康或运动方面有问题 |

| 略胖。请多运动 | 有点胖。请向医师咨询 | 肥胖！请尽快就医！ |

※1 胸廓是指胸骨、肋骨、胸椎。抚摸时能够感觉到胸部与腹部的差异就没问题。
※2 髋骨是骨盆的一部分。以人类为例，手叉腰时，摸到的就是髋骨。

主人的鼻子里有毛……

#杂学　#鼻毛

虽然猫没有，但人类的鼻子里有毛

　　我们猫族没有鼻毛。为何人类会有鼻毛？那是为了不让灰尘进到鼻子里，用鼻毛挡下灰尘。猫为什么没鼻毛？至今原因不明。不过，看到主人的鼻毛就知道，实在不怎么好看对吧？而且，鼻毛还会从鼻子里跑出来，真糟。那种状态下出门，肯定会被其他人笑。这时候请小声地提醒主人："照照镜子，你的鼻毛跑出来啰。"

> **猫奴小叮咛**　虽然猫没鼻毛，但它们的耳朵前端有人类没有的"房毛"。柔软的毛竖得直挺挺的，作用是感应风向与声音。猫上了年纪后房毛会变短，但缅因猫或挪威森林猫就算长大了还是看得到房毛。

我和喵友的惯用脚怎么不一样？

#杂学 #惯用脚

通常母猫是右脚，公猫是左脚

"出猫拳的脚、抓猎物时最先用的脚，我是右脚，它却是左脚"……所以，你是右撇子，它是左撇子。别担心，这不是你们合不来，而是荷尔蒙的原因。狗、马、人类也是雄性比较多左撇子。据说男性荷尔蒙中的"睾固酮"和左撇子有关。不过，猫真的有惯用脚吗？目前尚在研究中。

> **猫奴小叮咛** 各位可以在家调查喵主子的惯用脚是哪一只。先让它看鲔鱼点心，接着将点心放进透明的瓶子里，观察它为了取出点心最先用的是哪只脚。一天做 10 次，隔一天后再进行，总共做 100 次。每次要给两分钟以上的休息时间。

#杂学
#区别公猫母猫的方法

如何分辨公猫与母猫？

母猫脸

公猫脸

🐱 一看脸就知道

　　首先是看脸形。比起母猫，公猫的脸较为横长。因为公猫经常打架，容易被咬，所以脸颊比较厚。母猫的下巴小，脸形较圆润。其次是看长胡须的部位，公猫脸宽，看起来粗犷。再来是看鼻子的大小，公猫的鼻子宽，离眼睛也较远。最后是看眼睛的大小，虽然实际大小相同，但公猫因为脸较大，眼睛显得相对小。

> （猫奴小叮咛）　公猫和母猫的体格也有差异。公猫的身体较大，特别留意头、肩、前脚的大小会更容易分辨。这么说可能有点夸张：公猫的体格好比狮子，母猫好比猎豹。不过，小猫就不太容易分辨了。

#杂学 #睫毛

人类眼睛上的毛是什么？

？

那是猫没有的"睫毛"

长在人类上眼皮和下眼皮的毛叫作"睫毛"，作用是挡住灰尘，保护眼睛。

猫的上下眼皮都没有睫毛。不过，眼皮上有略长的毛对吧？那和人类的睫毛一样，也有保护眼睛的作用。有些人类的睫毛看起来又多又长，但那是为了打扮刻意加上去的哦。

> **猫奴小叮咛** 虽然猫没有睫毛，但眼皮上有和睫毛作用相同的"辅助睫毛"（accessory eyelashes）。顺带一提，狗的上眼皮有 2 ~ 4 排睫毛哦，所以它们不用戴假睫毛了。

#杂学　#身体花纹

每只猫身上的花纹或颜色不一样？

 ## 就算是兄弟姐妹，花纹也不同

喵友们，请看看你的四周，应该找不到相同颜色或花纹的猫吧，就算是有血缘关系的兄弟姐妹，颜色和花纹也不完全一样。因为和颜色或花纹有关的基因有 20 个以上。每只猫都很独特，这也可以说是猫的魅力。其实毛色有一定的规则——"从身体上方开始往下出现"。也就是说，肚子上有颜色的猫背上一定也有颜色，鼻子周围或头上也可能有颜色。

> 猫奴小叮咛 原本生活在沙漠的猫，为了保持低调，只有褐色的条纹（虎斑）。据说它们是与人类一同生活后，才有了现在这些花纹。日本猫直到平安时代只有黑色、白黑、虎斑、白虎斑 4 种花色。

黑猫爸 × 白猫妈的孩子是什么颜色的?

颜色的基因是如何遗传的呢?
一起来看看黑猫爸与白猫妈的家谱。

W…全身白的基因
w…不会全身白的基因

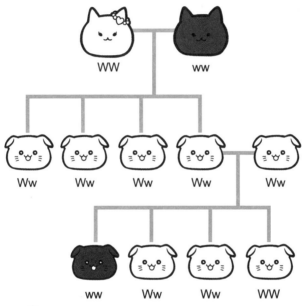

从家谱就能看出,相较于黑色或褐色等其他基因,W 是显性基因。因此,黑猫爸和白猫妈所有的孩子都是白色。不过,在孙子那一代,Ww 互相组合也会生出黑猫,这就是隔代遗传。

我和喵友都是 A 型

#杂学 #血型

🐱 大部分的猫都是A型

　　请问 A 型的喵友是哪几位？几乎都是啊。那么，B 型的是……英国短毛猫、苏格兰折耳猫。AB 型的是……现场没有。猫的血型主要分为 A 型和 B 型，只有极少数是 AB 型。人类有 O 型，但猫没有。血型与居住地区也有关系，日本或美国的猫多为 A 型，欧洲或澳洲的猫多为 B 型。

> （猫奴小叮咛）　猫的血型分为 A 型、B 型、AB 型 3 种，没有 O 型。其中约 80% 是 A 型。美国短毛猫、暹罗猫、米克斯猫几乎都是 A 型，英国短毛猫等则多为 B 型。

三花猫真的只有母猫吗？

#杂学 #三花猫

少部分是公猫

三花猫是指身上有白、褐、黑三种毛色的猫，三花猫大部分是母猫。要成为三花猫，染色体必须有两个"X"，但公猫的染色体是"XY"，只有一个"X"。母猫的染色体是"XX"，所以能够成为三花猫。不过，染色体发生异常时，就会出现公的三花猫。由于非常稀有，公的三花猫自古被视为吉祥物，过去还曾被高价买卖。

> 猫奴小叮咛 三花猫在国外也有许多粉丝。尾巴短、只有脸和尾巴有花纹的三花猫特别受欢迎。三花的罗马拼音"Mi-ke"在美国也通用，真是国际化的猫啊。

澳洲的猫好可爱

\#杂学 \#缅甸猫

大眼×小脸的 "小猫脸"

　　那是"缅甸猫",日本几乎没有,在澳洲是超人气的猫哦。瞧瞧那可爱的外表多迷人!仔细看看它的脸,真是小巧精致。而且,它的眼睛又大又圆,就连长胡须的部分也圆圆的,实在好萌!它长大后还是那张小猫般的脸。当然,它的魅力不只长相,友善的个性也是它掳获人心的关键。

> **猫奴小叮咛**　在澳洲说到猫,指的就是缅甸猫,由此可知它们有多受欢迎。由于相当亲人,缅甸猫又被称作"小狗猫"。它们喜欢和人类相处,容易一起生活是它们拥有高人气的秘诀。

为什么左右眼的颜色不一样？

#杂学 #虹膜异色症

 常见于白猫的"虹膜异色症"

　　左右眼的颜色不同被称为"虹膜异色症"。那眼睛的颜色为什么会改变？猫的毛色是根据色素细胞的量来决定的，白猫的色素细胞被白色基因抑制，所以毛会变白。角膜下的虹彩颜色，也是因为白色基因抑制了色素细胞，因此变成蓝色。只有单眼的色素细胞被抑制，就是虹膜异色症。而且，完全没有色素时血管会透出来，让眼睛看起来是红色。

（猫奴小叮咛）　白毛蓝眼的猫多半听力不好，这也是白色基因对耳朵造成的影响。听力不好对生活在野外的猫来说会成为狩猎的阻碍，但对室内生活的猫而言，基本上没有大碍。

#杂学　#麒麟尾

我的尾巴弯弯的

"麒麟尾"是日本猫的特征

　　短尾巴是日本猫的特征，而且尾巴前端像钥匙一样弯曲，被称为"钥匙尾"，也就是俗称的麒麟尾。各位喵友都知道，长长的尾巴让我们能够保持身体平衡、轻松跳跃。换句话说，短尾巴是运动神经的缺陷。在陆地毗连的国外，短尾巴的猫会被其他猫或敌人淘汰。不过，因为日本是岛国，所以这种猫才能存活至今。

> 猫奴小叮咛　基因是导致日本麒麟尾的猫增加的理由之一。麒麟尾是显性基因，父母当中有一方是麒麟尾，就会生下麒麟尾的孩子。另外，英国曼岛的曼岛猫（Manx）是没有尾巴的猫哦。

为什么长崎县有很多麒麟尾的猫？

日本九州岛（特别是长崎县）有很多麒麟尾的猫，甚至有调查结果指出"七成以上的猫是麒麟尾"。为何会有那么多麒麟尾的猫呢？以下两种说法最有说服力。

1

因为岛屿多

尾巴变短的基因突变造成身体平衡感不佳，在猫群中自然遭到淘汰，但岛屿像是被隔离的环境，因此增大了存活的可能性。长崎县是日本岛屿最多的地区，所以留下了麒麟尾的基因。

2

由出岛移入

以前在日本的锁国时代，限制与海外的交流。当时唯一在与海外进行贸易的地方是长崎的出岛。出入该地的海外船只将许多有麒麟尾基因的猫带入长崎。

出岛

关于猫的祖先

古埃及的 非洲野猫（沙漠猫）

　　"食肉目猫科猫属家猫亚种"是我们猫族的分类。我们的祖先是名为"非洲野猫"的斑猫，特征是脚和尾巴比家猫长、耳大。猫开始与人类共同生活是在公元前4000年的古埃及。当时因农业发达出现了田地和仓库，猫来到那些地方捕捉聚集在那儿的老鼠。渐渐地，猫受到人类的喜爱，融入了人类的生活。

> （猫奴小叮咛）5000年前的中国农村也发现过曾经与人类共生的"石虎"骨骸。不过，现在的家猫没有石虎的血统，石虎应该是在某个时期绝种了。

猫本来就住在日本吗？

杂学　# 来日

🐱 据说是平安时代从中国来到日本的

根据现有历史记录，猫是在平安时代（公元 794 ~ 1192 年）由中国传入日本的，当时被称作"唐猫"，日本知名古典文学著作《源氏物语》中也曾提到。公元 999 年猫开始在日本繁殖，当时仅限宫内，这是日本最早的养猫记录。但在比平安时代更早的弥生时代（公元前 10 世纪—公元 3 世纪中期）的遗迹内也发现了猫的骨骸。也许猫在公元前便已悄悄来到日本。

> **猫奴小叮咛** 日本第 59 代天皇宇多天皇相当爱猫，他在《宽平御遗诫》中写道："父亲给了我一只猫，我开始养它。"那是一只毛色如墨的黑猫，深获天皇疼爱。

183

最近喜欢吃肉胜过吃鱼

\#杂学　\#饮食嗜好

第 6 章　猫杂学

因为主人的饮食习惯改变了

比起鱼，更喜欢吃肉的喵友请举手！哈，超过半数都是啊。很多日本人都认为"猫＝吃鱼"，其实这是因为，日本人过去的饮食以鱼为主，所以猫也跟着吃鱼。但饮食西化后，人的饮食变成以肉为主，于是猫也变得常吃肉。由此可知，主人的饮食习惯会影响猫的饮食。

猫奴小叮咛　美国的猫爱吃肉，意大利等国的渔村的猫爱吃鱼，猫真的很聪明，会配合居住地改变主食。虽然不太情愿服从人类，但只要有好吃的食物就可以了。

犬科动物的绝种和猫的祖先有关?!

#杂学　#猫犬之争

FIGHT!!

猫在生存竞争中获胜了

猫科动物是地球上最成功的肉食动物，目前有 37 种猫科动物。那么，犬科动物呢？以前在北美有超过 30 种犬科动物，如今只剩下 9 种。因为猫来到北美后，肉食动物的生存竞争变得激烈，最后狩猎能力出色的猫获胜。不过，狗现在也和人类一起生活且遍及全球。谁是赢家还说不准。

> **猫奴小叮咛** 狗和猫都是捕食者，但在亚洲森林中锻炼狩猎能力的猫，成为更优秀的狩猎者。从这点看来，猫和狗可以说是永远的竞争对手。

猫学测验 | 后篇 |

请以OX
回答问题

一起来复习第 4 章~第 6 章。
目标是拿到满分！

第 1 题　猫很想睡的时候，会睁着眼打哈欠。　　[　　]　→ 答案·解说 P114

第 2 题　猫的脚趾的数量是前脚 5 根、后脚 4 根。　　[　　]　→ 答案·解说 P150

第 3 题　猫通常每餐饭都会吃完。　　[　　]　→ 答案·解说 P98

第 4 题　比起狭窄的场所，
猫更喜欢宽广的场所。　　[　　]　→ 答案·解说 P115

第 5 题　不只嘴巴周围，
猫的身体各处也会长胡须。　　[　　]　→ 答案·解说 P154

第 6 题　三毛猫只有母猫。　　[　　]　→ 答案·解说 P177

第 7 题　猫是远视眼。　　[　　]　→ 答案·解说 P133

第 8 题　"猫砰砰"是人类保护猫的举动。　　[　　]　→ 答案·解说 P162

第 **9** 题　猫睡前搓揉毯子
是因为想起了妈妈。 [　　　] →答案·解说
P117

第 **10** 题　猫的兄弟姐妹都是相同花纹。 [　　　] →答案·解说
P174

第 **11** 题　"幼猫蓝眼"是小猫时期
才有的眼睛颜色。 [　　　] →答案·解说
P134

第 **12** 题　所有的植物猫都可以吃。 [　　　] →答案·解说
P166

第 **13** 题　猫不可以吃主人的衣服。 [　　　] →答案·解说
P120

第 **14** 题　猫用气味判断食物的安全性。 [　　　] →答案·解说
P144

第 **15** 题　每只猫的惯用脚都一样。 [　　　] →答案·解说
P171

答对 11~15 题（表现得非常好）
太棒了！简直是猫中之猫，你也可以成为猫博士哦。

答对 6~10 题（不错哟）
好可惜。再重读本书一遍，你一定会拿到满分！

答对 0~5 题（好好加油吧）
我上课的时候，你都在睡吧？！这样的成绩也太糟糕了……

索 引

版权贸易合同登记号 图字：01-2021-6926

图书在版编目（CIP）数据

超萌图解：猫咪行为百科 /（日）山本宗伸著；连雪雅译. —北京：电子工业出版社，2023.1
ISBN 978-7-121-44502-6

Ⅰ. ①超… Ⅱ. ①山… ②连… Ⅲ. ①猫－驯养－基本知识 Ⅳ. ①S829.3

中国版本图书馆 CIP 数据核字（2022）第 209016 号

责任编辑：周　林
印　　刷：天津千鹤文化传播有限公司
装　　订：天津千鹤文化传播有限公司
出版发行：电子工业出版社
　　　　　北京市海淀区万寿路173信箱　　邮编：100036
开　　本：880×1 230　1/32　　印张：6　　字数：173 千字
版　　次：2023 年 1 月第 1 版
印　　次：2024 年 1 月第 2 次印刷
定　　价：58.00元

凡所购买电子工业出版社图书有缺损问题，请向购买书店调换。若书店
售缺，请与本社发行部联系，联系及邮购电话：（010）88254888，88258888。
质量投诉请发邮件至 zlts@phei.com.cn，盗版侵权举报请发邮件至
dbqq@phei.com.cn。
本书咨询联系方式：25305573（QQ）。